AI大模型技术丛书

深入解析 Transformer 架构

IN-DEPTH ANALYSIS OF
TRANSFORMER ARCHITECTURE

吕阳　王韵涵　著

化学工业出版社
·北京·

内容简介

《深入解析Transformer架构》致力于系统地解析Transformer模型的核心原理和应用前景。作为"AI大模型技术丛书"的开篇之作，本书从Transformer的起源讲起，分析了模型设计背后的挑战及创新点，包括注意力机制、位置编码、多头注意力等核心技术。书中深入探讨了Transformer在自然语言处理和计算机视觉等领域的实际应用，展示了其在复杂任务中的显著优势和扩展潜力。通过清晰的理论解析与丰富的应用案例，本书为理解和使用Transformer模型的学习者提供了全面的指南，适合对Transformer模型感兴趣的各类读者学习使用。

图书在版编目（CIP）数据

深入解析Transformer架构 / 吕阳，王韵涵著. 北京 : 化学工业出版社，2025. 10. -- (AI大模型技术丛书). -- ISBN 978-7-122-49031-5

Ⅰ. TP391

中国国家版本馆CIP数据核字第2025HM1619号

责任编辑：李佳伶　　文字编辑：郑云海
责任校对：李雨函　　装帧设计：王晓宇

出版发行：化学工业出版社
（北京市东城区青年湖南街13号　邮政编码100011）
印　　装：北京云浩印刷有限责任公司
710mm×1000mm　1/16　印张9　字数130千字
2026年2月北京第1版第1次印刷

购书咨询：010-64518888　　售后服务：010-64518899
网　　址：http://www.cip.com.cn
凡购买本书，如有缺损质量问题，本社销售中心负责调换。

定　　价：68.00元

前言
PREFACE

在人工智能和深度学习蓬勃发展的今天，Transformer模型的诞生无疑是一次里程碑式的突破。从自然语言处理到计算机视觉，Transformer的应用范围已不再局限于单一领域，而是逐渐扩展到多个方向，成了深度学习中不可或缺的工具。作为“AI大模型技术丛书”的开篇之作，本书希望为读者揭开Transformer的神秘面纱，带领大家从基础原理到实际应用，循序渐进地深入理解这一模型架构。

自发布以来，Transformer在各类任务中的表现引人瞩目，它的成功也催生了诸如BERT、GPT、T5等一系列基于Transformer的语言模型，这些模型在自然语言理解、生成等任务上取得了前所未有的成果。Transformer不仅掀起了自然语言处理领域的革命，也成为了计算机视觉、音频处理和生物信息学等领域的核心工具。

Transformer的设计理念不仅在模型架构上展示了创新的勇气，更在技术与应用之间架起了桥梁，突破了深度学习模型的局限。本书的撰写旨在为读者提供一份详细的参考材料，帮助大家在理解Transformer基本理论的同时，能够轻松驾驭模型的实际应用。

本书首先带领读者了解Transformer的历史背景与设计哲学，而后从最基础的注意力机制、编码器和解码器架构到复杂的模型优化、预训练与微调技巧等方面进行介绍。书中的内容以实例和图示为主，力求简洁明了地呈现 Transformer 模型的核心思想。对于希望深入探索的读者，本书还提供了模型的变体、实际应用案例及训练技巧，使得读者不仅能掌握 Transformer 的基础，还能灵活运用于不同的实际任务。

笔者始终认为，深度学习的学习过程是一个不断探索、思考和实践的过程。希望读者通过本书，能对 Transformer 模型的独特之处有更深刻的理解。让我们一起走进 Transformer 的世界，探索深度学习的无限可能。

著者

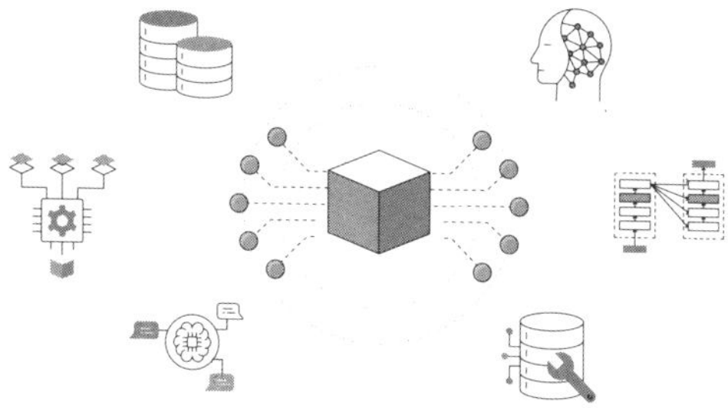

目录
CONTENTS

第一章 Transformer 模型架构概览

一、Transformer 的起源

二、Transformer 的设计哲学

三、Transformer 的基本组件

一、Transformer 的起源

Transformer 模型出现在一个充满挑战的时代。当时，自然语言处理领域正面临着一个难题：如何让计算机更好地理解人类语言?

在 Transformer 问世之前，人们尝试了各种方法来解决这个问题。其中，循环神经网络（RNN）和长短时记忆网络（LSTM）是两种广泛应用的方法。它们在处理序列数据方面表现出色，但仍面临诸多挑战。例如，当序列较长时，这些模型难以捕捉到长距离的依赖关系，而且计算效率较低。

为了解决这个问题，Google 的研究者们开始探索一种新的方法，那就是注意力机制（Attention Mechanism）。这个概念最早在 2014 年提出，它可以让模型在处理序列数据时关注到重要的部分，从而更好地捕捉长距离依赖关系。然而，单独的注意力机制并不能完全解决问题，于是，Google 的研究者们在此基础上，于 2017 年提出了一种全新的模型——Transformer。

Transformer 模型采用了自注意力机制（Self-Attention），这使得它能够更有效地捕捉序列数据中的长距离依赖关系。此外，Transformer 模型还采用了多头注意力（Multi-Head Attention）机制，使得模型能够同时关注多个信息源，进一步提高性能。

自从 Transformer 模型诞生以来，它不仅在自然语言处理（NLP）领域取得了显著成果，还被应用于计算机视觉（CV）、音频处理等多个领域。例如，2018 年提出的 BERT 模型，以及 2019 年提出的 GPT-2 模型，都是基于 Transformer 的预训练语言模型。这些模型在各项任务中都取得了令人瞩目的成绩。

如今，Transformer 模型已经成为人工智能领域的重要基石。它不仅在学术界引起了广泛关注，还受到了工业界的青睐。从最初的解决自然语言处理问题，到如今的广泛应用，Transformer 模型经历了一段充满挑战和收获的发展历程，如表 1-1 所示。

表 1-1 Transformer 模型发展历程

时间	重大成果	贡献者	应用领域	功能发展
2017 年	提出 Transformer 模型	Vaswani 等人	机器翻译	自注意力机制
2018 年	提出 BERT 模型	Devlin 等人	自然语言理解	预训练语言模型
2019 年	提出 GPT 模型	Liu 等人	自然语言生成	微调预训练语言模型
2020 年	提出 T5 模型	Brown 等人	多任务学习	文本到文本转换
2021 年	提出 Vision Transformer 模型	Dosovitskiy 等人	计算机视觉	图像分类和分割

这些发展不仅丰富了 Transformer 模型本身，还推动了自然语言处理和计算机视觉多个领域的应用发展。随着硬件性能的提升和算法优化的不断进行，Transformer 模型在各种任务中展现出越来越强大的能力，成为当今人工智能领域中不可或缺的重要技术之一。

二、Transformer 的设计哲学

上节提到，传统的循环神经网络（RNN）和长短时记忆网络（LSTM）在自然语言处理和其他序列建模任务中虽然广泛应用，但也存在一些明显的局限性。

在训练循环神经网络时，特别是在序列较长或者层数较多的情况下，很容易出现梯度消失或梯度爆炸的情况。这是由于 RNN 和 LSTM 中梯度在反向传播过程中可能会迅速衰减或者增长，从而难以有效地更新网络参数。梯度消失会使得网络难以捕捉长距离依赖关系，而梯度爆炸则可能导致模型不稳定或无法收敛。

在自然语言处理中，很多任务需要模型能够理解并利用长距离的依赖关系，例如在长句子中理解句子的语义结构或者在长篇文档中捕捉上下文信息。传统的RNN和LSTM存在梯度消失的问题，往往难以有效地捕捉和利用这些长期依赖关系，导致模型性能受限。

除此之外，传统RNN和LSTM在处理长序列时还存在计算效率问题。由于这些模型是逐步处理序列的，因此在计算上有一定的局限性，尤其是在需要处理大规模数据或者较长序列时，模型的训练和推理速度可能受到限制。

Transformer模型，特别是它的注意力机制，标志着自然语言处理领域的一个重大突破。该模型的设计哲学主要集中在解决序列模型处理长距离依赖问题的效率和效果上。

注意力机制的核心思想是在序列中的每个元素上分配不同的重要性，从而使模型能够专注于当前任务中最关键的部分。在传统的RNN和LSTM中，信息需通过隐藏状态逐步传递。然而长序列的信息随着时间推移而逐渐衰减，每次更新状态时都需要前一状态的信息，这使得训练过程中的并行计算变得极其困难。

Transformer通过引入自注意力机制彻底改变了信息传递的方式。自注意力允许模型在计算当前元素的表示时，直接“查看”序列中的所有其他元素，并根据它们的相关性赋予不同的权重。这种机制不仅解决了长距离依赖问题，还显著提高了计算的并行性，因为整个序列的处理可以在单个操作中完成。

自注意力机制是注意力理念的一个扩展，它允许模型在处理输入的每一个部分时都能够考虑到输入中的所有其他部分。具体来说，自注意力在处理每个词时都会生成一个查询，并将这个查询与整个序列的键和值进行匹配，以此来决定每个词对当前词的重要性。这种机制使得Transformer能够捕捉到词与词之间的复杂关系，如同语义上的长距离依赖。

在自注意力机制应用的基础上，多头注意力机制诞生了。在单头注意力机制中，每次只生成一个注意力集中的表示。而多头注意力机制将注意力分割为多个“头”，每个头从不同的角度学习输入的表示，然后将这些表示合并起来。这样做的优势在于能够让模型在不同的子空间捕获信息，从而丰富了模型对信息的理解能力和表达能力。

Transformer通过自注意力机制改善了信息流动的方式，理论上能够捕捉任意距离的依赖关系，但缺乏位置信息的自注意力机制仍然面临挑战。自注意力机制虽然提供了并行处理的能力，但本身并不具备捕捉位置信息的能力，这就可能导致模型丢失序列数据的时序信息。位置编码的引入，便是对这一问题的直接回应。通过在模型输入阶段注入位置信息，Transformer能够在不牺牲并行处理能力的同时，保持对输入序列中元素位置关系的敏感性。这种设计有效地融合了并行处理的高效性与序列处理的必要性，体现出对效率与功能平衡的追求。

位置编码的加入，不仅使模型能够识别序列中各个元素的具体位置，还强化了模型对于长距离依赖关系的理解。位置信息的注入使得即使在序列的不同端点间，模型也能够通过位置编码的相互作用，有效地捕捉并处理这些依赖关系，从而提升模型对整个序列的理解深度。

位置编码的设计不仅仅是为了解决具体的技术问题，它还体现了一种对模型通用性与灵活性的追求。通过简单的数学函数（正弦和余弦）来生成位置编码，这种方法既简洁又有效，易于实现且计算成本低，使得Transformer模型能够轻松适应不同长度的输入序列。这种灵活性是传统序列处理模型难以比拟的，它使Transformer模型可以广泛应用于各种自然语言处理任务，从机器翻译到文本生成，都展现出卓越的性能。

Transformer模型通过注意力机制的实现，展现出对现有模型局限性的深刻理解和突破。它通过自注意力和多头注意力不仅提高了模型处理长距离依赖的能力，也极大地增强了并行处理的能力，为后续的模型发展（如BERT、GPT等）打下了坚实的基础。这些模型继承并扩展了Transformer的架构，进一步推动了自然语言处理技术的发展。而位置编码在Transformer模型中的应用，深刻地反映了设计者对并行处理效率与深层次序列理解之间平衡的考量。自注意力机制、多头注意力机制、位置编码三者协同运行，不仅解决了传统模型中的效率和长距离依赖问题，还通过一种优雅而高效的方式，增强了模型在处理复杂语言结构时的能力，使Transformer不仅在理论上具有创新性，更在实际应用中展现出广泛的适用性和强大的性能。

三、Transformer 的基本组件

经过上文的介绍，我们已经知道 Transformer 模型在自然语言处理领域颇为突出，其主要的工作流程见图 1-1。

图 1-1 Transformer 模型主要工作流程（一）

在自然语言处理任务中，Transformer 模型首先将输入的文本转化为多个 token，即较小的词汇单元。然后，这些 token 会依次经过多个编码器层和解码器层的处理，每个编码器层和解码器层中都会应用自注意力机制来捕捉和建模词汇间的关系。最终，经过这些层的处理，Transformer 模型能够生成所需的输出信息如图 1-2、图 1-3 所示。

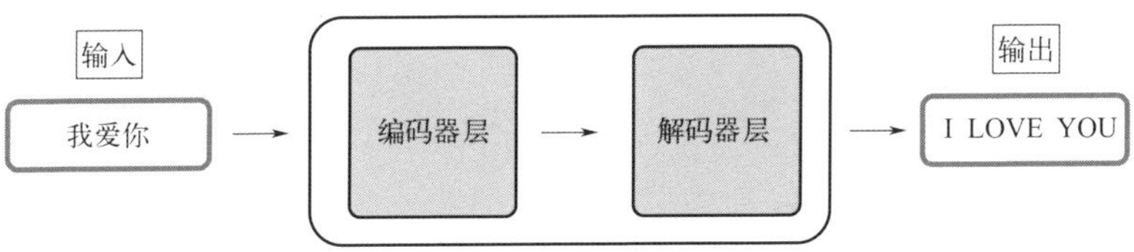

图 1-2 Transformer 模型主要工作流程（二）

既然我们已经了解了 Transformer 模型的基本工作原理，那么在上述这些编码器层和解码器层中又发生了什么呢？图 1-4 为 Transformer 模型结构，其左侧为编码器结构，右侧为解码器结构。

Transformer 模型的工作流程可以大致分为以下四个阶段：

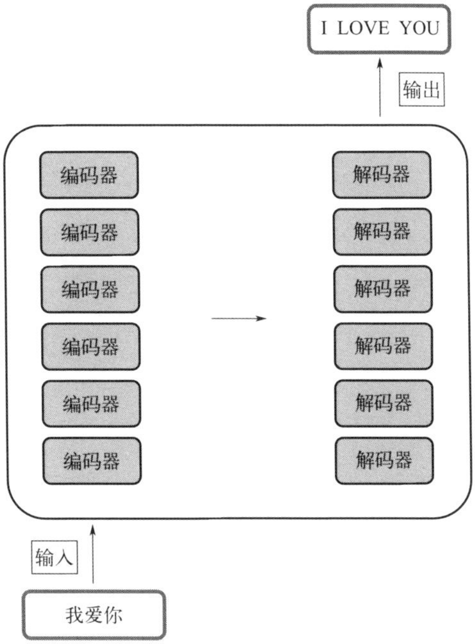

图 1-3 Transformer 模型主要工作流程（三）

1. 输入数据处理

输入嵌入（Input Embedding）：将输入的单词（例如“你好”）转换成嵌入向量。这些向量是高维的实数向量，能够捕捉单词的语义特征。

位置编码（Positional Encoding）：由于 Transformer 模型没有处理序列数据的循环结构，位置编码被加到每个输入向量上，以提供单词的位置信息。位置编码帮助模型理解单词在序列中的相对位置。

2. 编码器部分（Encoder）

编码器由多个相同的层（通常称为编码器层）堆叠而成，每一层包括以下两个主要部分：

多头自注意力机制（Multi-Head Self-Attention）：这个机制使模型能够在处理每个单词时，关注输入序列中的其他单词。通过自注意力机制，模型可以动态地对输入序列中的不同部分给予不同的关注程度。

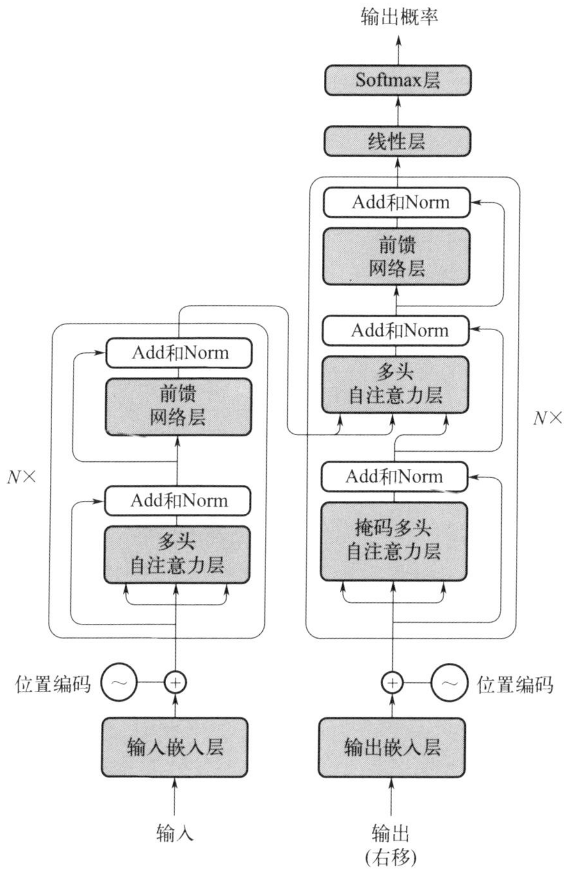

图1-4 Transformer模型结构

前馈神经网络（Feed-Forward Neural Network）：自注意力机制的输出通过一个前馈神经网络进行进一步处理。这个网络通常由两个全连接层组成，并包括激活函数，增强了模型的表达能力。

每个编码器层还包含层归一化（Layer Normalization）和残差连接（Residual Connection），确保信息在层与层之间的传递稳定和有效。

3. 解码器部分（Decoder）

解码器也由多个相同的层（解码器层）堆叠而成，每一层包括以下部分：

多头自注意力机制（Multi-Head Self-Attention）：解码器的自注意力机制类似于编码器的机制，但它只能关注当前生成的序列中的单词，防止模型看到未来的单词。这是通过掩码机制（Masking）实现的。

编码器 - 解码器注意力机制（Encoder-Decoder Attention）：解码器的这个机制关注编码器的输出，帮助生成目标序列时参考输入序列的信息。这使得解码器能够对输入的上下文进行有效利用。

前馈神经网络（Feed-Forward Neural Network）：与编码器部分类似，解码器的前馈神经网络进一步处理注意力机制的输出，以生成最终的表示。

每个解码器层也包括层标准化（Layer Normalization）和残差连接（Residual Connection）两部分，以确保解码器在生成输出时稳定和高效。

4. 输出生成

线性变换和 Softmax 层：解码器的最终输出经过线性变换层（通常是一个全连接层），将其转换成与词汇表大小相同的向量。接着，通过 Softmax 层将这些向量转换成概率分布，用于预测下一个单词的概率。Softmax 工作流程示意图见图 1-5。

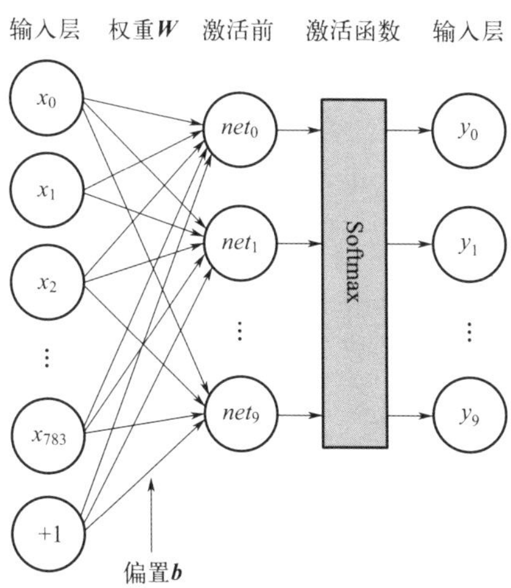

图 1-5 Softmax 工作流程示意图

生成目标序列：根据Softmax输出的概率分布，选择概率最高的单词作为下一个生成的单词。然后将生成的单词作为输入的一部分，继续生成序列直到达到预定的结束标记或生成的序列达到指定长度。

在整个过程中，Transformer模型利用自注意力机制来处理序列中各个位置的信息，通过多层堆叠的编码器层和解码器层，逐步提取和转换信息，从而实现高效的序列到序列学习任务。这些组件的详细原理将在本书后文详细说明。

第二章　注意力机制

一、引言
二、注意力机制的基本概念
三、自注意力机制的工作原理
四、多头注意力机制
五、稀疏注意力机制
六、注意力机制在 Transformer 中的应用

一、引言

在上一章中我们已经了解到，随着应用场景的复杂化，传统神经网络在处理序列数据（如文本、语音、时间序列等）问题上存在一定程度的局限性。RNN 和 LSTM 等传统序列模型的计算瓶颈和长距离依赖问题成为了研究的难点。

在这一背景下，Transformer 模型应运而生，并迅速成为了自然语言处理和其他序列任务中的主流选择。Transformer 的核心思想是通过全局视角来处理序列数据，它摒弃了传统的序列计算方式，转而引入了一种全新的机制——注意力机制。注意力机制赋予模型在处理输入时能够动态选择和关注重要信息的能力，这一特性使得 Transformer 能够高效地处理长距离依赖问题，并在多种任务上表现优异。

那么，什么是注意力机制？为什么它如此重要？为了更好地理解这一点，我们可以从人类的注意力现象中找到类比。在日常生活中，假设我们处在一个复杂的环境中，比如在一个嘈杂的房间里，周围的人都在谈话、音乐声在播放，各种杂音此起彼伏。然而，即便在这样的环境中，如果你需要和朋友进行一场对话，你的大脑会自动过滤掉那些无关的声音，只专注于朋友的声音。这种选择性关注的能力正是人类大脑的强大之处，它让我们能够在信息冗余的环境中高效获取我们所需的信息。

类似地，在处理自然语言文本时，机器也需要有能力在大量的词汇中识别并聚焦于那些与当前任务最相关的部分。例如，在翻译一句话时，有些词的意义和句子的整体含义紧密相关，而有些词则相对次要。传统的序列模型往往对每一个输入都一视同仁，这使得它们在长文本处理时容易丢失重要的上下文信息。注意力机制的引入则使得模型能够模拟人类的这种选择性关注能力，从而在信息处理中更加智能和高效。

然而，注意力机制并不是一种简单的“选择性注意”的过程。它背后的数学基础和计算过程非常复杂，并且通过不同的实现方式（如自注意力、多头注意力等）可以应用于各种深度学习任务中。通过引入注意力机制，Transformer 模型能够在处理序列数据时同时考虑整个输入序列的不同部分，这使得它在处理长距离依赖关系时尤为有效。这种处理方式不仅提高了模型的表现力，还大幅提升了计算效率，尤其是在并行计算方面，Transformer 相比于传统的序列模型有着明显的优势。

总之，注意力机制是 Transformer 模型的基石，它赋予了模型灵活且强大的信息处理能力。在接下来的章节中，我们将深入解析注意力机制，探讨它的数学原理和实际应用，你将发现它的奇妙之处，并理解为什么它在现代深度学习中占据如此重要的地位。

二、注意力机制的基本概念

注意力机制是一种强大的工具，它能够让机器学习模型更智能地处理复杂的输入数据。为了更好地理解这一点，我们可以从一个简单的场景入手：假设你正在阅读一篇文章，但这篇文章相当长，并且内容复杂，信息量巨大。如果你试图平均地关注每一个字词，那么你很可能会迷失在大量的信息之中，无法有效地理解文章的主要内容。因此在实际行为过程中，你的大脑会自动过滤掉次要的内容，专注于那些对理解文章主旨至关重要的段落和句子。这种能力就是我们在生活中使用的“注意力”，而注意力机制正是将这种人类的认知能力引入到机器学习模型中的一种方法。

在深度学习中，尤其是在处理文本、语音和图像等复杂数据时，注意力机制通过动态调整模型对不同输入部分的关注程度，帮助模型更好地捕捉关键信息。传统的神经网络往往对输入数据的每一部分给予相同的处理权重，这种方法虽然简单，但在处理长距离依赖关系时效果并不理想。比如在语言翻译任务中，某些单词对句子的整体含义至关重要，而其他单词则可能没有那么重要。如何让模型理解这一点，并将更多的计算资源集中在关键部分，是注意力机制要解决的问题。

注意力机制的核心在于，它能够计算出输入数据中各个部分之间的相关性，并根据这种相关性动态调整每一部分的权重。在技术上，这一过程通常是通过所谓的“查询”（Query）、“键”（Key）和“值”（Value）这三种向量的相互作用来实现的。具体来说，模型首先会将输入数据映射成查询、键和值向量，然后通过计算查询与键之间的相似度，来确定每个输入部分的重要性。这些相似度得分将通过一个数学操作（通常是Softmax函数）转化为一组权重，这些权重决定了每个输入部分对最终输出的贡献大小。最后，模型将这些权重应用于对应的值向量，并进行加权求和，从而生成最终的输出结果。

这种处理方式与我们在日常生活中的注意力选择非常相似：当我们面对大量信息时，我们会根据每条信息的重要性来决定关注的优先级。例如，在学习一门新语言时，我们会优先学习那些高频使用的单词，而对一些不常用的词汇则会放在次要的位置。同样地，注意力机制通过赋予模型“关注”的能力，使其能够在处理复杂任务时，更加灵活和高效。

此外，注意力机制还有一个显著的优势，那就是它的并行计算能力。相比于传统的RNN需要逐个时间步地处理输入序列，注意力机制能够同时处理整个序列中的所有元素。这不仅大大提高了计算效率，还使得模型能够更好地适应现代硬件架构，特别是在大规模数据处理任务中表现出色。

在自然语言处理领域，注意力机制已经成为了许多高级模型的标配。无论是语言翻译、文本摘要生成，还是问答系统，注意力机制都在其中扮演着至关重要的角色。通过对输入数据进行智能的筛选和加权，注意力机制帮助模型更加精准地理解上下文，并生成更为准确的输出。

总的来说，注意力机制为机器学习模型引入了一种类似于人类注意力的能力，使得它们在处理复杂任务时更加灵活、精准和高效。

三、自注意力机制的工作原理

在前文的基础上，我们已经了解到注意力机制中的自注意力机制是

Transformer模型中最为重要的部分之一。它为模型提供了一种能够灵活处理序列数据的方式，使得每一个输入元素都能与其他元素进行信息交换，从而捕捉到序列内部的复杂依赖关系。这一机制不仅改变了自然语言处理的面貌，也在许多其他领域引发了深远的影响。为了更好地理解自注意力机制的工作原理，我们将深入探讨其核心概念和计算过程。

首先，回顾一下在传统的序列模型中，输入数据通常以固定的顺序进行处理，每一个元素都依赖于前面的元素。这种逐步处理的方式虽然在一些简单任务中表现不错，但在处理长序列数据时却显得捉襟见肘。尤其是在面对长距离依赖时，传统模型往往难以捕捉到序列中的长距离依赖关系，这导致了模型对输入数据的理解和处理能力的局限性。

自注意力机制通过一种全局视角来解决这一问题。它允许每个输入元素在处理时，不仅仅依赖于前面的元素，而是能够同时参考整个序列中的所有元素。这种全局化的处理方式使得模型能够捕捉到输入序列中任何部分的依赖关系，无论这些依赖关系是近在咫尺，还是远在天边。

在自注意力机制中，向量是在输入元素的基础上通过线性变换生成的，它们承载着输入元素的不同方面的信息。接下来，模型会计算每一个查询向量与序列中所有其他元素的键向量之间的相似度。这种相似度通常通过点积运算来实现，这是一种简单而有效的计算方法，可以快速得到两个向量之间的相似度得分。点积运算的结果越大，说明两个向量之间的相似度越高，表明它们之间的关联性越强。式2-1为点积注意力运算公式。

$$\text{ATTENTION}(\boldsymbol{Q},\boldsymbol{K},\boldsymbol{V})=\text{SOFTMAX}\left(\frac{\boldsymbol{Q}\boldsymbol{K}^{\text{T}}}{\sqrt{d_k}}\right)\boldsymbol{V} \tag{2-1}$$

然而，点积运算的结果还不能直接用于计算权重。在实际应用中，为了防止数值过大导致的不稳定性，模型会将这些点积结果除以一个缩放因子，这个因子通常是向量维度的平方根。这样处理后，模型会使用Softmax函数将这些相似度得分转化为概率分布，确保所有的得分加起来等于1。这种概率分布反映了每个输入元素在当前时间步对其他元素的关注程度，也就是说，它表示了模型在生成输出时，对每个输入元素的“关注”程度。

一旦这些权重确定下来，模型就会对所有的值向量进行加权求和，从而生成当前时间步的输出。这个输出不仅考虑了当前输入元素的信息，还整合了整个序列中的相关信息，从而形成了一个更加全面的表征。这一过程中，每一个输入元素都能够“借用”其他元素的信息，从而在生成输出时更好地理解整个序列的全貌。图 2-1 为查询、键、值向量工作流程图。

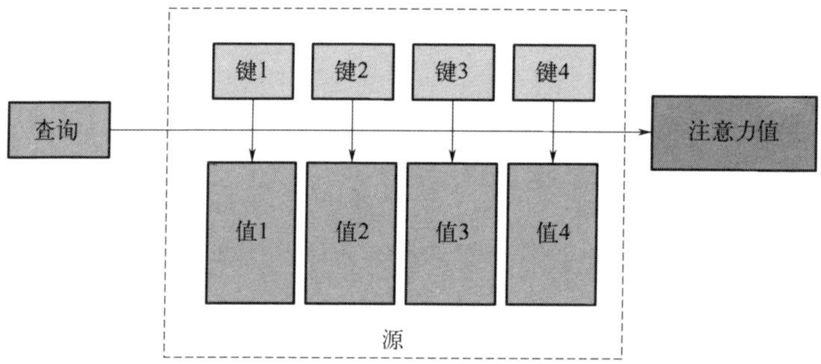

图 2-1 查询、键、值向量工作流程图

查询矩阵可以理解为模型在理解当前词时发出的“提问”，而键矩阵则包含了模型用来解答这些问题的信息。值矩阵则是最终的输出，是通过计算得分后加权得出的结果。

这种矩阵生成方式让模型能够从不同的角度分析每个词与其他词之间的关系。例如，在句子“猫抓老鼠”中，查询矩阵会问：“‘猫’和‘抓’之间的关系是什么？”而键矩阵则提供所有词语的信息，帮助查询找到最相关的词汇。

在实际操作中查询矩阵与键矩阵通过点积运算计算它们之间相似度的过程，就类似于我们在日常对话中，根据上下文寻找最相关的信息。例如，当我们听到“猫、老鼠”时，大脑会自然而然地将“猫”和“老鼠”联系起来，因为它们之间存在明显的语义关系。

这种机制的一个显著优点是，它能够同时处理整个输入序列中的所有元素，而不需要像传统的 RNN 那样逐步处理。这种并行计算的能力极大地提高了模型的效率，尤其是在处理长序列数据时表现尤为出色。此外，自注意力机制还允许模型灵活地调整关注点，使得模型能够根据任务的需要，动态地分配注意力。这种动态调整的能力，使得模型在处理具有复杂依赖关系的任务时，能够更加精准地捕捉到序列中的关键信息。

举个例子，在翻译一段文本时，某些词语之间的关联性可能并不依赖于它们在句子中的相对位置，而是取决于它们的实际语义。自注意力机制使得模型能够根据这些词语的语义关联，自动调整其注意力分配，从而生成更为准确的翻译结果。比如，当翻译“猫坐在猫窝里”这句话时，模型可以通过自注意力机制，将注意力集中在“猫”和“猫窝”这两个词上，从而更好地理解句子的意思，并生成合适的翻译。

此外，自注意力机制的另一个关键优势在于它的可解释性。由于每个时间步的输出都是通过对输入序列中所有元素的加权求和得到的，因此可以追溯这些权重，了解模型在生成特定输出时，究竟是依据哪些输入信息做出的决定。这种可解释性在许多实际应用中非常有用，尤其是在需要理解模型决策过程的领域，比如医疗诊断和法律文本分析等。

最后，自注意力机制不仅在自然语言处理中展现出了强大的能力，还在图像处理、语音识别和时间序列预测等领域得到了广泛应用。在图像处理中，自注意力机制可以帮助模型识别图像中的重要区域，从而更好地进行分类或检测。在语音识别中，它可以帮助模型更好地理解语音信号中的关键部分，从而提高识别的准确性。在时间序列预测中，自注意力机制能够捕捉到时间序列中的长距离依赖关系，从而生成更加准确的预测结果。

总而言之，自注意力机制通过其独特的全局处理能力和灵活的注意力分配机制，极大地增强模型在处理复杂任务时的表现力和效率。它不仅为Transformer 模型奠定了基础，也为现代深度学习带来了革命性的变化。

四、多头注意力机制

自注意力机制为 Transformer 模型提供了强大的信息处理能力，使得模型在处理复杂的序列数据时表现出色。然而，尽管单头注意力机制能够很好地处理序列中的依赖关系，但它的局限性也逐渐显现。单头注意力往往只能在某一个特定的语义空间内处理依赖关系，难以同时捕捉到不同层次或维度的特征。这种局限性尤其在处理复杂语言任务时变得明显。例如，在处理一篇长文时，某些依赖关系可能是句内的短距离依赖，而另一些依赖关系则可能是跨句的长距离依赖。单一的注意力头很难同时关注到这些不同层次的信息。

为了弥补单头注意力的不足，多头注意力机制应运而生。多头注意力的设计思想很简单：模型不再使用单一的注意力头来处理整个序列，而是引入了多个独立的注意力头，每个头都在不同的子空间中进行独立的计算。这种设计让模型能够同时从多个不同的角度处理输入序列的依赖关系，从而极大地增强了表征能力。

为了理解多头注意力机制的工作原理，我们可以从一个生活中的类比开始。想象你站在一间画廊的展览室中，面前是一幅精美复杂的画作。你可以选择从不同的角度去观察这幅画，或许你会首先关注画作的整体布局，然后再聚焦于某个细节，如人物的表情或背景中的小物件。每一次的观察，都会让你对这幅画的理解更加深入和全面。类似的，多头注意力机制就像是让模型能够从多个“角度”同时审视输入序列，提取出更加丰富和多样的信息。

在技术上，多头注意力机制通过并行计算多个独立的自注意力机制来实现（图 2-2）。具体来说，模型会将输入数据映射成多个不同的查询、键和值向量组，然后对每一组分别执行自注意力操作。每一组注意力头都能够独立地计算其相应的注意力权重和加权求和值，从而生成不同的输出。因为这些注意力头各自从不同的角度对输入数据进行分析，它们所捕捉的信息也各不相同。最终，模型将这些不同的注意力头的输出拼接起来，并通过线性变换生成最终的输出结果。

这种多头处理的方式赋予了模型从多个维度进行信息提取的能力。每一个注意力头都可以聚焦于输入序列中的不同部分，或捕捉不同层次的特征。例如，在处理一段文本时，一个注意力头可能会关注句子的整体结构，而另一个注意力头则可能专注于词与词之间的细微关系。这种多维度的信息提取，使得模型能够更全面地理解输入序列，从而在生成输出时做出更加准确的预测。

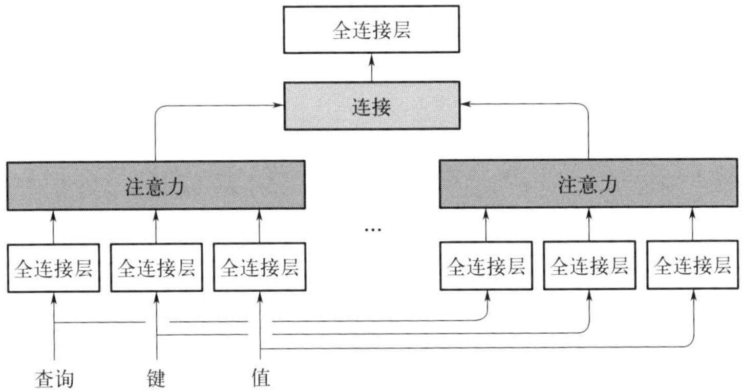

图 2-2 多头注意力：多个头连接然后线性变换

多头注意力机制的设计也具有高度的灵活性。通过调节注意力头的数量，模型可以在表达能力和计算效率之间找到一个平衡点。较少的注意力头能够减少计算量，适用于资源有限的场景；而更多的注意力头则能够提供更细致的分析，适合处理复杂的任务。在实际应用中，模型设计者可以根据任务的具体需求，灵活选择合适的注意力头数量。

然而，多头注意力机制并不仅仅是将多个自注意力机制简单地并行处理。其真正的创新在于，每个注意力头所处理的信息是经过线性变换后的数据，这意味着不同的注意力头可以学习到不同的表示方式，从而进一步丰富模型的表达能力。这种差异化处理使得模型能够在不同的任务和场景中灵活适应，展现出强大的泛化能力。

举个具体的例子，在机器翻译任务中，源语言和目标语言之间的对应关系往往是复杂且多样的。某些句子中的词语可能直接对应于目标语言中的一个词，而另一些词语则可能需要考虑上下文信息才能翻译得当。多头注意力机制能够通过不同的注意力头分别捕捉这些不同类型的关系，从而生成更加准确的翻译结果。例如，一个注意力头可以专门处理词与词之间的直接映射关系，而另一个注意力头则可以关注句子的语义结构。这种多层次的处理方式，使得多头注意力机制在机器翻译任务中表现尤为出色。

此外，多头注意力机制还在其他许多自然语言处理任务中展现出了巨大的潜力。比如在文本分类任务中，模型需要同时考虑句子的整体语义和局部特征，这时多头注意力机制就能够发挥其独特的优势，分别处理不同层次的特征，从而生成更加准确的分类结果。同样地，在问答系统中，多头注意力机制可以同时分析问题和答案中的不同部分，从而更好地匹配两者之间的语义关系。

和自注意力机制相似，多头注意力机制的成功也不仅限于自然语言处理领域。在图像处理任务中，尤其是视觉注意力模型中，多头注意力机制同样展现了卓越的性能。通过让不同的注意力头分别聚焦于图像中的不同区域，模型能够更加精准地识别目标物体和其周围的环境，从而在图像分类和目标检测等任务中取得了显著的进展。

然而，多头注意力机制的引入也带来了一定的挑战。由于每个注意力头都需要独立计算其对应的查询、键和值向量，并执行一系列的矩阵运算，这使得模型的计算复杂度和内存消耗显著增加。在处理超大规模的数据集时，这一问题尤为突出。因此，在实际应用中，如何在保证模型性能的前提下，优化多头注意力机制的计算效率，成为了一个重要的研究方向。

近年来，随着多头注意力机制的广泛应用，研究者们提出了许多改进方案，以进一步提高其效率和表现。例如，有的研究者提出了稀疏注意力机制，通过限制每个注意力头的关注范围，减少不必要的计算，从而提高计算效率。另一些研究则尝试通过分层次的注意力结构，将多个注意力头组织成一个层次化的结构，以更好地捕捉不同层次的信息。这些改进不仅拓展了多头注意力机制的应用场景，也为其在更广泛的任务中发挥作用奠定了基础。

五、稀疏注意力机制

在标准的多头注意力机制中，每个词汇的注意力得分是通过与输入序列中所有其他词汇进行点积计算来得出的。对于一个长度为 N 的序列，注意力机制的计算复杂度是 $O(N^2)$，因为每个词都需要计算与其他 $N-1$ 个词的关系。随着序列长度的增加，计算需求会迅速膨胀，这种方式在长序列任务中非常不经济，也容易导致内存溢出或计算瓶颈。因此，需要一种方法来减少不必要的计算，而又不损害模型对关键依赖关系的捕捉能力。

稀疏注意力机制（Sparse Attention）就是多头注意力机制的一种优化策略。稀疏注意力机制并不计算所有词语之间的依赖关系，而是只计算那些最相关的词语之间的注意力权重。通过这种方式，模型可以在保持性能的同时大幅减少计算量，通常能够从 $O(N^2)$ 降到 $O(N\log_2 N)$ 或更低。这种方法在长序列任务中尤其有效，比如处理长篇文章或视频字幕生成时，模型可以跳过那些不太相关的词汇或帧，从而提高效率。

具体而言，稀疏注意力机制通常采用如下几种策略来减少注意力矩阵中的计算：

1. 局部注意力（Local Attention）

局部注意力只考虑序列中相邻词汇之间的依赖关系，而不再计算长距离词汇之间的关系。这样，模型可以在小窗口范围内高效计算注意力得分。这种方式适用于语言任务中具有局部依赖的场景，比如大多数自然语言中词与词的依赖通常只出现在相邻的几个词之间。

局部注意力机制就像我们在阅读书籍时，通常只关注当前正在阅读的句子或短段，而不是跳跃到很远的段落去寻找信息。这种局部化的关注减少了无关信息的干扰，同时保留了最重要的上下文。

2. 分块注意力（Strided Attention）

分块注意力将输入序列划分为多个小块，在每个块内独立计算注意力关系。虽然每个块之间没有直接的全局计算，但通过分层结构或局部窗口机制，可以逐步在块与块之间传播信息。这种机制让模型能够在块的范围内保持计算效率，同时仍能通过多层结构间接捕捉长距离依赖。

3. 固定模式注意力（Fixed Pattern Attention）

为每个位置定义一个固定的稀疏连接模式，模型只在这些预定义的位置之间计算注意力。例如，BigBird 模型中，稀疏注意力的固定模式包含了局部窗口、全局特征位置和随机特征位置的混合，使得模型可以高效地处理长序列，同时捕捉到局部和全局的依赖。

4. 因果注意力（Causal Attention）

在处理生成任务（如文本生成）时，稀疏注意力机制可以通过因果关系进行稀疏化，即只计算当前词汇和之前词汇的依赖，而不去考虑未生成的词汇。这种机制在文本生成任务中有非常大的效率提升作用。

除了计算上的优势，稀疏注意力还有助于提高模型的泛化能力。因为稀疏注意力机制有时会主动“忽略”某些不重要的依赖关系，这种操作有助于减少模型过拟合，同时提升其在处理未见过的长序列数据时的表现。

在诸如 Transformer-XL 和 Longformer 等模型中，稀疏注意力机制已经得到了广泛应用。这些模型通过不同的稀疏化策略，成功将原始的 Transformer 扩展到长序列任务中。在文档级机器翻译、长篇文本生成、多模态数据处理等任务中，稀疏注意力机制的应用让模型能够在不牺牲性能的前提下，处理更大规模的输入数据。

尽管稀疏注意力机制已经显著提升了 Transformer 模型在长序列任务中的表现，但仍有进一步优化的空间。研究者们目前正在探索更加灵活和自适应的稀疏注意力机制，使得模型能够根据输入序列的特点自动调整稀疏化策略。例如，动态稀疏注意力（Dynamic Sparse Attention）是一种新的研究方向，目标是让模型在运行过程中，自动决定在哪些部分执行稀疏化，而不是预定义固定的模式。

此外，稀疏注意力与其他机制的结合，例如与相对位置编码或预训练模型的结合，也为未来的发展提供了更多可能性。这种结合不仅可以增强模型对长距离依赖的捕捉能力，还能够在复杂的多模态任务中进一步提升效率和性能。

六、注意力机制在 Transformer 中的应用

在前面几部分的讨论中，我们深入探讨了注意力机制，尤其是自注意力机制和多头注意力机制的工作原理及其在深度学习中的强大功能。现在，让我们将这些概念联系起来，探讨注意力机制在 Transformer 模型中的实际应用。通过了解注意力机制如何在 Transformer 的编码器和解码器中发挥作用，我们将能够更清晰地理解这个模型为何如此成功地改变了自然语言处理和其他领域的游戏规则。

Transformer 模型的设计理念是极简却富有创造性的。不同于传统的 RNN 和 LSTM，Transformer 完全摒弃了递归结构，而是依赖于全局的注意力机制来处理输入序列。这一变化极大地提升了模型的计算效率和表现能力，尤其在处理长序列数据时，Transformer 展现出强大的优势。

在 Transformer 的编码器部分，注意力机制主要用于捕捉输入序列中不同位置之间的依赖关系。编码器由多个相同的层叠加而成，每一层都包括一个自注意力机制和一个前馈神经网络，如图 2-3 所示。

自注意力机制使得模型能够在每一层中，对输入序列中的每一个位置进行全局的分析，而不仅仅是依赖于局部上下文。前馈神经网络随后对这些通过自注意力机制生成的特征表示进行进一步的非线性变换和特征提炼，使得模型能够更深层次地理解数据中的复杂模式。这意味着编码器在处理输入时，可以同时考虑句子中的所有词汇，计算它们之间的相关性，从而生成更加精准的语义表示。

具体来说，编码器的每一层首先会通过自注意力机制处理输入数据，这一步骤让模型对每一个词汇都能参考整个句子中的其他词汇。通过计算

查询、键和值向量之间的相似度，模型能够识别出哪些词汇在语义上是紧密相关的，并通过加权求和生成新的词汇表示。随后，这些新的表示会经过前馈神经网络的处理，进一步提炼出输入序列的特征。通过多层的堆叠，编码器逐步增强了对输入序列的理解，最终生成的输出是对整个输入序列的一个高度抽象的表示。

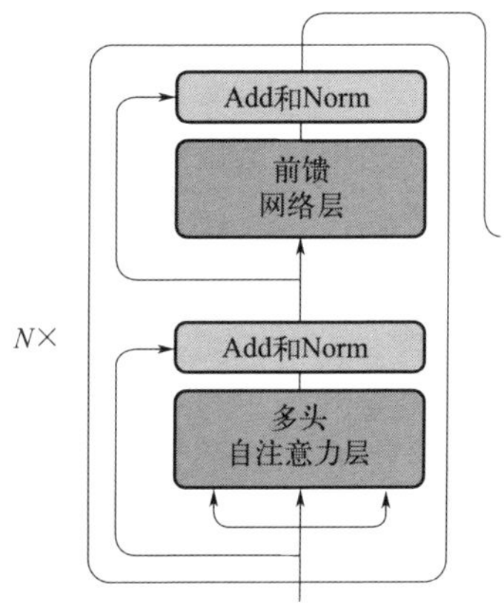

图 2-3 编码器结构图

这种编码器结构赋予了 Transformer 强大的上下文理解能力。无论是处理短文本还是长文本，编码器都能够灵活地调整其注意力，确保模型在生成输出时能够充分考虑到输入中的所有重要信息。这一点在自然语言处理任务中尤为重要，尤其是在翻译、摘要生成和文本分类等任务中，编码器的表现直接影响到模型的整体性能。

接下来，让我们看看解码器中的注意力机制如何工作。与编码器类似，解码器同样由多个层堆叠而成，每一层也包括一个自注意力机制和一个前馈神经网络。但与编码器不同的是，解码器还增加了一个关键的组件——跨注意力机制（Cross-Attention），用于将编码器的输出与解码器的当前输入进行对齐。

在解码器中，自注意力机制的作用与编码器类似，旨在对解码器的输入序列（通常是部分生成的目标序列）进行处理。通过自注意力机制，解码器能够参考已生成的部分序列，确保每个词汇的生成都是基于之前的上下文，从而保证输出的连贯性和逻辑性。然而，仅靠自注意力机制是不够的，因为解码器还需要参考编码器生成的上下文表示，以确保输出序列与输入序列的语义一致。

这时，跨注意力机制发挥了关键作用。跨注意力机制通过将解码器中的每个词汇与编码器的输出进行对齐，计算它们之间的相似度，从而确定哪些输入词汇对当前输出词汇的生成最为重要。通过这种对齐过程，解码器能够借助编码器的全局表示，生成与输入语义高度匹配的输出序列。换句话说，跨注意力机制帮助解码器在每一步生成词汇时，都能够参考整个输入序列的语义信息，从而提高翻译或生成任务的准确性。

举个例子，在机器翻译任务中，假设模型正在将英语句子翻译成法语。当解码器生成第一个法语词汇时，它不仅参考了之前已经生成的词汇，还会通过跨注意力机制，关注到输入的英语句子中的相关词汇。这种机制确保了解码器在生成每一个词汇时，都能够最大限度地利用编码器的输出，从而生成准确且流畅的翻译。

此外，Transformer 的这种架构设计还带来了一个重要的优势，那就是并行化处理能力。由于编码器和解码器中的注意力机制可以同时处理整个序列的所有元素，因此 Transformer 在训练和推理时具有显著的速度优势。这一点在处理大规模数据集时尤为重要，Transformer 能够充分利用现代硬件的计算能力，极大地加快了模型的训练速度。

Transformer 中的注意力机制不仅在机器翻译任务中表现优异，还广泛应用于其他自然语言处理任务。例如，在问答系统中，编码器可以将问题和上下文信息进行全局分析，而解码器则根据跨注意力机制生成答案。在文本生成任务中，编码器可以理解输入的主题和风格，而解码器则根据这些信息生成符合要求的文本。这种灵活的架构使得 Transformer 成为了许多复杂自然语言处理任务的首选模型。

除了自然语言处理领域，Transformer 中的注意力机制还被应用于其他领域，如计算机视觉和语音识别。在计算机视觉任务中，Transformer 可以通过注意力机制对图像中的不同区域进行分析，从而生成更精确的目标检测和图像分类结果。在语音识别中，Transformer 能够通过注意力机制对音频信号中的重要部分进行聚焦，从而提高识别的准确性。

总之，注意力机制在 Transformer 中的应用，是该模型成功的关键因素之一。通过在编码器和解码器中灵活运用自注意力和跨注意力机制，Transformer 能够在各种复杂的任务中展现出卓越的性能。从自然语言处理到计算机视觉，从机器翻译到语音识别，Transformer 正在各个领域中发挥着越来越重要的作用。随着技术的不断发展，注意力机制和 Transformer 的结合无疑将继续推动深度学习领域的进步，带来更多令人瞩目的创新和突破。

第三章　位置编码

一、初步理解位置编码

二、位置编码的工作原理

三、位置编码的创新与改进

一、初步理解位置编码

在深入探讨 Transformer 架构的工作原理之前，我们首先要面对一个核心问题：Transformer 是如何理解输入序列的顺序信息的？在处理自然语言的过程中，句子中的单词顺序至关重要。例如，在“猫抓老鼠”和“老鼠抓猫”这两个句子中，虽然包含的词是一样的，但词顺序的不同却带来了完全相反的含义。传统的自然语言处理模型，如 RNN、LTSM 等，其程序天然具备处理序列的能力。因为它们逐个处理输入，能够“记住”前后、上下文关系。

然而，Transformer 模型却摒弃了这种逐步处理输入的方式。正如上一章所讲，Transformer 通过自注意力机制一次性处理整个输入序列，这使得模型在并行处理方面大大提升了效率。但是这种并行化带来了一个新的问题：如果 Transformer 模型同时处理所有的输入，那它又是如何知道每个词在序列中的位置呢？换句话说，如何确保模型理解输入中单词或字母的先后顺序，而不只是单纯地把它们作为一组无序的集合来处理？这就是位置编码发挥作用的关键所在。

尽管从前面章节我们了解到，自注意力机制能够通过加权计算了解输入序列中不同元素之间的关系，但它本身并不具备感知序列顺序的能力。也就是说，Transformer 本身并不知道序列中的顺序信息，如果没有额外的机制来表示顺序，模型就无法理解序列中元素的前后关系，其本身缺少天然的顺序感知能力。也就是说，输入到 Transformer 中的单词或符号在模型看来，只是一个“袋子”，每个元素独立存在，模型无法得知它们之间的前后顺序。结果就是模型会失去对序列结构的理解，导致模型无法理解输入文本的上下文信息。

在生活中，这种缺失顺序信息的现象也时有发生。设想一下，你正排队等候点餐，但突然队伍被打乱，每个人的位置都随意变动。此时店员无法知道谁应该先点餐，队伍变得无序，排队的规则也形同虚设。这与

Transformer 处理无序输入时遇到的问题非常相似。如果不为模型提供某种方式来感知输入的顺序，模型将无法有效理解和处理输入的序列。这就是为什么我们需要位置编码的帮助。

位置编码，顾名思义，便是为每个输入添加一种“位置信息”。通过这种额外的信息，模型不仅能知道每个输入是什么，还能知道它们在序列中的具体位置。就像给排队点餐的人分配号码，每个人的号码代表了他们的位置，店员可以根据号码来决定谁应该先买票。

那么，位置编码具体是如何工作的呢？实际上，它并不是直接通过整数来表示每个位置，而是通过一种更为巧妙的方式，即将每个位置映射为一个向量，而这个向量包含了该位置的位置信息。位置编码的设置有助于模型在处理这些输入的序列时，将序列的顺序感知到位，并以一种可被模型理解的形式嵌入到输入数据中。

为了更好地理解，我们可以把位置编码想象成一个能够产生“波”的系统。正如我们在日常生活中看到的波浪，每个波的形状是周期性的，位置编码也利用类似的原理，通过“正弦波”和“余弦波”来表示不同位置的相对信息。

简单来说，位置编码就是为每个输入的词或符号分配一个唯一的、可区分的“位置信息”，这样 Transformer 模型在进行处理时，能够区分开输入序列中每个元素的顺序，而不仅仅是看到它们各自的特征。通过结合位置编码，模型不仅知道“猫”和“老鼠”这两个词本身的含义，还能够知道它们在句子中的先后顺序。

让我们回到前面的例子。如果你向一个没有顺序感知能力的模型输入“猫抓老鼠”和“老鼠抓猫”这两个句子，模型看到的只是“猫”“抓”“老鼠”这三个词的集合，它并不能理解“猫抓老鼠”和“老鼠抓猫”是两个完全不同的句子，如图 3-1 所示。通过位置编码，这两个句子的每个词都被加上了位置信息，模型可以通过这些位置信息来区分这两句话的不同顺序，从而理解它们的不同含义。

位置编码不仅仅在自然语言处理任务中有重要作用，在其他处理序列数据的任务中，如图像识别、音频处理、时间序列预测等，都同样至关重要。例如，在图像处理中，Transformer 需要知道图像中不同像素的位置关系，这样才能正确地理解图像中的物体和结构。同样，在音频处理中，不同声音信号的时间顺序对于正确解读音频内容至关重要。

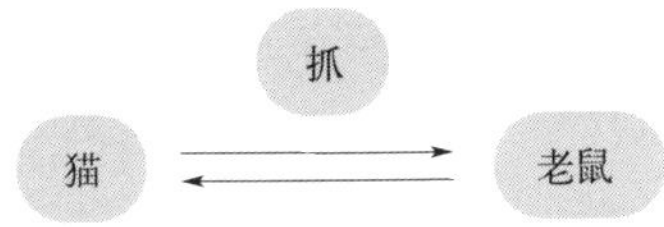

图 3-1　“猫抓老鼠”和“老鼠抓猫”示意图

二、位置编码的工作原理

正如上文提到的，在 Transformer 的最早设计中，“正弦余弦位置编码”被用来为每个输入位置赋予位置信息。这种编码方法的巧妙之处在于，它通过一组周期性函数（正弦和余弦）来生成各个位置的编码。具体来说，对于每个位置“pos”，我们都将其映射到一个固定维度的向量空间中，而这个向量空间中的每个维度的值都对应不同频率的正弦和余弦值。

位置编码的具体计算公式如式 3-1 所示。

$$\begin{aligned}\mathrm{PE}(\mathrm{pos},2i)&=\sin\left(\frac{\mathrm{pos}}{10000^{\frac{2i}{d}}}\right)\\ \mathrm{PE}(\mathrm{pos},2i+1)&=\cos\left(\frac{\mathrm{pos}}{10000^{\frac{2i}{d}}}\right)\end{aligned}\tag{3-1}$$

其中，“pos”表示输入序列中某个元素的位置；“i”表示向量的维度索引；“d”是词嵌入（embedding）的维度；“10000”是一个常数，用来控制正弦和余弦函数的频率。

位置编码在奇数维度上使用正弦函数，而在偶数维度上使用余弦函数。体现在公式中，就是“PE（pos，$2i$）”使用正弦函数表示偶数维度的位置编码，而 “PE（pos，$2i$+1）”使用余弦函数表示奇数维度的位置编码。正弦和余弦的函数值会随着位置“pos”的变化而变化，这种周期性变化能够确保在每个位置上生成的向量都不同，从而为模型提供位置信息。

这种正弦余弦编码最大的特点在于，当序列长度较小时，较低维度的正弦余弦函数可以捕捉到微小的位置信息，而随着序列长度的增加，较高维度的函数能够捕捉更大的位置信息变化。这种设计保证了即使面对非常长的序列，Transformer 也能够保持对位置信息的有效感知。图 3-2 为正弦余弦编码函数图像。

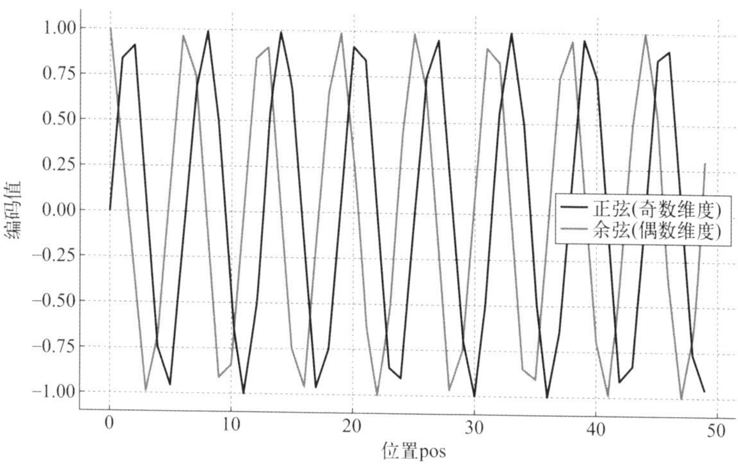

图 3-2　正弦余弦编码函数图像

打个比方，这种周期性就像海浪拍打沙滩的节奏。近处的浪花起伏迅速，你可以轻易感知每个波浪的细微变化；而远处的海浪起伏较慢，你只能看到整体的波动。类似地，正弦余弦编码通过频率的变化，让模型既能“看到”细节，也能“看到”全局顺序。

这样的优势，体现在“$10000^{2i/d}$”这一项中。其控制了不同维度上位置编码的频率变化，较低维度（“i”较小）的编码拥有较短的周期，这意味着它们对序列中的细微位置变化更为敏感；而在较高维度（“i”较大）的编码拥有较长的周期，因此它们更适合捕捉全局的位置信息。

通过这样的设计，我们用不同维度上的不同频率，为每个位置提供了独特的编码，既保留了足够的位置信息，又在不同位置之间创建了可区分的模式。

三、位置编码的创新与改进

随着Transformer模型在自然语言处理、图像处理、时间序列分析等领域的广泛应用，研究者逐渐发现传统的正弦余弦位置编码在某些任务中，尤其是在处理长序列时存在一定的局限性。为了解决这些问题，近年来涌现出多种新的位置编码方法，对其进行了创新与改进，旨在提升模型的性能和效率。

1. 可学习的位置编码

在研究人员对于其他位置编码方式的探索中，他们提出了一种现今常用的方式——“可学习的位置编码”（Learnable Positional Encoding）。与正弦余弦编码不同，可学习的位置编码不依赖固定的函数，而是将位置编码的过程看作模型学习的一部分。也就是说，模型在训练过程中通过学习调整每个位置的编码，从而根据具体任务更好地适应不同的序列结构。

可学习的位置编码的优势在于其灵活性。因为它不受固定的正弦和余弦函数限制，模型可以根据实际数据的分布和需求，自主调整位置信息的表示方式。这在某些复杂任务中，如需要捕捉特殊模式时，可能表现得更加优越。图3-3为可学习位置编码的热力图。

值得一提的是，上述两种编码方式各有优缺点。正弦余弦编码的优点在于它的简洁和明确的数学特性。由于这种编码是基于固定函数生成的，因此不需要额外的训练参数，计算成本较低，且具有良好的解释性。每个位置的编码都能直接通过公式计算得出，这种“免训练”的特性在处理长序列时表现得尤为稳定。

而可学习的位置编码的优势在于其自适应性。模型可以根据具体任务学习到更加合适的位置信息，特别是在面对某些特定的任务或数据集时，能够表现得更加灵活。然而，这种方法的代价是需要额外的模型参数，增加了计算复杂性和训练时间。此外，在某些任务中，可学习的位置编码可能会过拟合于特定的序列模式，导致泛化能力不足。

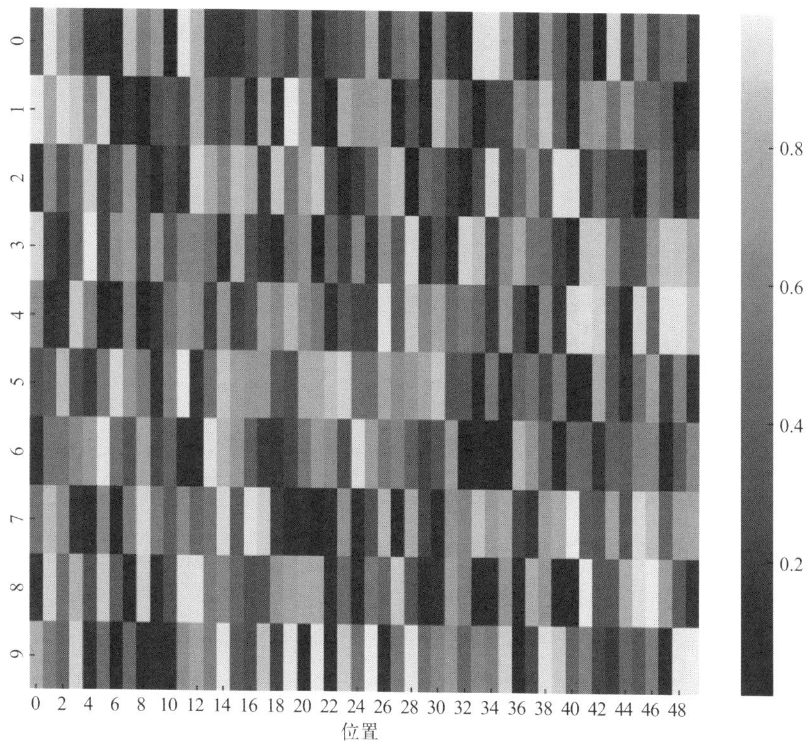

图 3-3 可学习位置编码的热力图

通过表 3-1，读者可以更好地了解两种编码方式各自的优缺点。

表 3-1 正弦余弦编码和可学习位置编码对比

对比维度	正弦余弦编码	可学习位置编码
灵活性	固定的数学函数生成，无法自适应任务需求，较为刚性	由模型自动学习，可根据不同任务和数据自适应调整，灵活性高
计算成本	较低，编码是通过固定公式直接计算得出，计算量很小	较高，因为需要为每个位置增加可训练的参数，增加了计算量

续表

对比维度	正弦余弦编码	可学习位置编码
模型参数	无需额外的训练参数，节省内存和计算资源	每个位置都有独立的参数，增加了模型的参数数量，训练复杂度也有所增加
解释性	数学公式明确，编码生成过程具有良好的可解释性	可学习过程较为黑箱，难以直接解释每个位置编码的意义
适应性	对任务或数据的适应能力较差，难以应对复杂序列或长序列问题	可根据不同任务学习到最优的位置信息表示，适应性更强
泛化能力	由于编码是固定的，泛化能力较强，适合处理不同类型的数据	有可能过拟合于特定的任务或数据，泛化能力相对较弱
序列长度处理	适用于任意长度的输入序列，不受限于训练时的序列长度	可能在处理超过训练时长度的序列时表现不佳，尤其是长序列
实现复杂性	简单易实现，只需基于公式进行计算，无须调整或优化	实现相对复杂，需要定义和训练额外的参数，增加了调试和优化的难度

2. 长序列问题与相对位置编码的引入

在 Transformer 模型多年的应用过程中，研究人员发现，虽然其设计使其在处理长短序列时均表现优异，但当面临更长的输入序列时，原始的正弦余弦位置编码逐渐显现出不足。正弦余弦编码依赖固定周期性函数生成位置信息，因此序列长度过长时，这种编码无法很好地捕捉远距离位置之间的关系。"超长"序列中的位置编码会导致模型难以识别输入元素的相对位置关系，特别是当两个输入元素之间的距离超过编码所能表示的范围时，模型可能会"忘记"这些远距离元素之间的联系。

为了解决这一问题，研究者提出了"相对位置编码"（Relative Positional Encoding）。与传统的绝对位置编码不同，相对位置编码关注的是输入元素之间的相对位置关系，而非它们在序列中的绝对位置。这种方法特别适合处理长序列任务，因为相对位置编码能够更加灵活地捕捉远距离元素之间的依赖关系。

在利用相对位置编码工作的过程中，模型并不需要关心每个词汇在序列中的绝对位置，而只需要知道一个词汇相对于另一个词汇的距离。例如，在一个长句子中，如果句首的词语和句尾的词语存在联系，绝对位置编码可能难以表达这种依赖，而相对位置编码则可以通过计算它们之间的相对距离来解决这一问题。通过这种方法，模型不仅能处理更长的序列，还能在远距离元素之间建立更强的关联。

相对位置编码的提出为 Transformer 处理长序列提供了新的可能，但在实际应用中，仍然存在一个问题，即使使用相对位置编码，Transformer 处理非常长的序列时，其计算和内存需求仍然非常高。为了解决这个瓶颈，“Transformer-XL”模型应运而生。Transformer-XL 是相对位置编码的重要延展，它通过引入片段级别的长依赖处理机制，进一步优化了 Transformer 在长序列任务中的表现。

Transformer-XL 通过“记忆机制”将长序列分段处理，同时在多个段落之间保留历史上下文信息。这意味着模型不仅能在处理当前片段时参考前面的片段信息，还能通过相对位置编码在片段间建立起更长距离的依赖。通过这种记忆机制，Transformer-XL 在处理诸如文档、文章等超长文本时，能够保持较高的计算效率和上下文一致性，避免了原始 Transformer 在长序列下的性能下降问题。

以自然语言处理中的长文本为例，原始的 Transformer 只能在固定长度的窗口内处理输入，而 Transformer-XL 则通过相对位置编码和记忆机制，能够跨越多个窗口处理非常长的文本，同时保持文本的上下文连贯性。这种改进显著提升了 Transformer 在长文本生成、阅读理解等任务中的表现。

3. 其他研究与扩展方向

随着 Transformer 架构的应用范围不断扩大，关于位置编码的研究也在持续进展。例如，最近的研究开始探索基于“图结构”的编码方法，特别是在处理非线性结构数据（如知识图谱、图像中的对象关系）时，通过将位置编码扩展为图中的节点位置关系表示，能够更好地捕捉输入元素之间的复杂结构依赖。此外，相对位置编码与“局部注意力机制”结合，也被认为是一种有效的改进，能够进一步提升模型在长序列任务中的效率。

目前，研究者还在尝试引入“自适应位置编码”，即根据输入序列长度动态调整位置编码的表示方式。这种方法能够更好地平衡不同长度序列下的位置编码需求，尤其是在处理具有多种序列长度的任务时，提供了一种更灵活的解决方案。

近年来的工作表明，位置编码的设计与任务的具体需求密切相关。针对不同任务和领域，研究者们不断提出新的编码方式，优化 Transformer 模型在特定场景下的性能。例如，图像处理任务中，位置信息的二维空间结构比一维的文本序列复杂得多，因此在图像 Transformer 中，研究者们引入了二维或三维的空间位置编码，以提升模型对于图像中不同像素位置的理解能力。

展望未来，位置编码的研究方向充满了创新的可能。随着模型应用场景的扩展和任务复杂度的提升，位置编码将在更加多样化的任务中扮演重要角色。可以预见，未来的研究将探索更多维度的位置信息表示，推动 Transformer 及其变种在更复杂任务中的性能提升，并为人工智能模型的应用开辟新的前景。

第四章　编码器与解码器

一、编码器和解码器概览

在 Transformer 架构中，编码器（Encoder）和解码器（Decoder）是模型的核心组成部分，它们分别负责处理输入数据和生成输出序列。为了更好地理解它们的位置和作用，我们可以从经典的“序列到序列”（Seq2Seq）模型入手进行探究与学习。

最早的 Seq2Seq 模型由 RNN 驱动，解决了将输入序列映射到输出序列的问题，例如机器翻译。RNN 通过递归的方式逐个处理输入序列，每次传递上一个状态到下一个状态。这种模型结构很好地解决了传统语言处理方法在处理长序列问题上的局限。然而，正如我们反复提到的，随着序列长度的增加，RNN 模型在捕捉长距离依赖时表现不佳，容易出现“梯度消失”或“梯度爆炸”等问题。此外，RNN 的序列处理方式本质上是“顺序执行的”，无法实现高效的并行计算。

为了弥补这些不足，研究者们提出了 Transformer 架构（见图 1-4）。在 Transformer 中，编码器 - 解码器仍然是整个模型的核心框架，但它通过自注意力机制彻底改变了处理序列的方式，实现了并行化处理。编码器和解码器不再逐步处理每个输入，而是一次性处理整个序列，使得模型能够高效地捕捉序列中的全局依赖关系。

在 Transformer 中，编码器和解码器是两个相对独立但密切配合的模块。编码器负责将输入序列转化为一种高维的隐含表示，解码器则根据这些表示生成对应的输出序列。可以将编码器视为一种“理解器”，负责理解输入序列的结构和内容；而解码器则是“生成器”，在生成每个新词时基于编码器的上下文信息生成合理的输出。

具体来看，编码器和解码器都是由多个相同的层级结构堆叠而成。每一层的设计相同，但每层处理的信息不同。在编码器中，每层包含一个多头自注意力机制（Multi-Head Self-Attention）和一个前馈神经网络（Feed-Forward Neural Network），通过这些子模块，编码器能够对输入序列进行细致处理，捕捉到序列中各个词语之间的复杂关系。

解码器的结构与编码器相似，但它额外增加了一个用于捕捉编码器输出与解码器输入之间联系的注意力机制。这个额外的注意力层使解码器能够“关注”到编码器生成的上下文信息，从而根据输入生成合理的目标序列。这个过程可以比作在对话中，解码器不仅要根据自己已知的信息生成答案，还要不断参考编码器“对话”中给出的线索。

为了更直观地理解编码器和解码器之间的协同作用，我们可以将它们比作翻译过程中两个人之间的交流：假设你要和一个外国人进行语言对话，编码器就像一个翻译人员，他负责理解你说的每一句话，并将其转化为另一种语言的内部逻辑结构；解码器则是另一个翻译员，他根据编码器提供的信息，将其转换成目标语言。编码器的准确理解和解码器的生成能力决定了整个交流的成功与否。

编码器会对输入进行深层次的理解，它不仅会关注每个单词的含义，还会关注它们之间的关系和语法结构。这些信息将被编码成一系列的向量，这些向量包含了输入文本中的所有关键信息。接下来，解码器根据这些向量生成目标语言的输出序列。在这一过程中，解码器每生成一个新词，都会参考编码器传递的信息，并结合已生成的部分输出，确保生成的结果在语义和句法上是连贯的。这个交互过程使得 Transformer 模型能够在各种自然语言处理任务中表现出色，尤其是在机器翻译、文本生成等领域。

二、编码器的结构与功能

这一部分在第一章中简单介绍过，但在详细了解自注意力机制和位置编码后，相信读者会有新的理解。在编码器模块中，结构的设计直接决定了模型如何高效处理和理解输入序列。这一模块不仅仅是单纯地对输入数据进行逐层传递，还通过其核心组件，即多头自注意力机制前馈神经网络，实现了对输入序列中元素之间复杂关系的捕捉与处理。

编码器并不是由单一的层组成的，而是通过多个相同的层级“堆叠”而成，见图 4-1。这种堆叠的方式能够在每一层逐步细化输入序列中各个词语的特征表示。具体而言，每个编码层都包含两个核心子层：多头自注意力机制和前馈神经网络。这两个子层的协同工作，确保了模型能够在不依赖于递归计算的情况下，高效地处理输入序列，并提取出全局依赖关系。

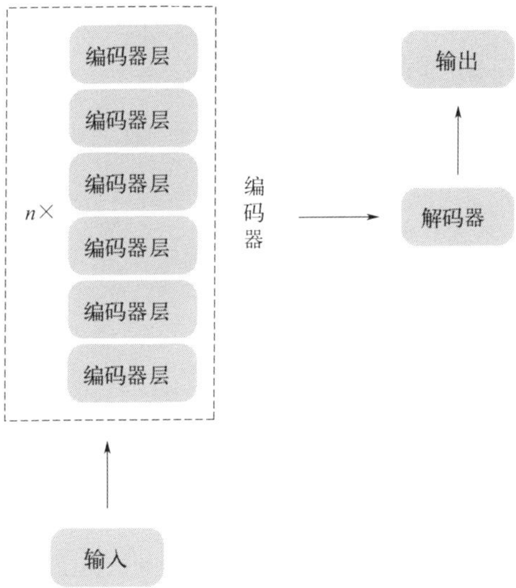

图 4-1　编码器结构图

1. 编码器中的多头自注意力机制

多头自注意力机制可以说是 Transformer 编码器的核心组件。它使得模型能够对输入序列中每个元素与其他元素之间的关系进行全面考量，而不仅仅是关注相邻元素。其本质是通过为每个词生成查询（Query）、键（Key）和值（Value）向量，模型能够通过查询和键的“点积计算”，计算出一个元素与其他所有元素的相似度。随后，这些相似度被用作加权系数，来结合每个词的值向量，生成最终的特征表示。

为了更直观地理解自注意力机制的工作方式，我们可以把它类比为一个“全局注意系统”。想象一下，当你在阅读一段文字时，你不仅仅是线性地从前往后阅读单词，而是自然而然地根据上下文信息不断调整你对每个单词的理解。例如，当你读到一句话的最后一个单词时，你会不由自主地回顾这句话的其他部分，去理解它们之间的关系。自注意力机制类似于我们在阅读过程中所发生的认知过程，能够全局地分析序列中每个元素的相互依赖关系。

然而，自注意力机制不仅仅是在一个“注意力头”上执行这一操作。为了增强模型的多样性和对不同特征的捕捉能力，Transformer 引入了多头自注意力机制。这一机制允许模型同时在多个子空间中执行注意力计算，帮助模型更全面地捕捉不同层次、不同维度的关系。这就像是让一组专家同时分析同一段文本，但每个专家从不同的角度出发：有的关注句法结构，有的专注于情感色彩，有的则考察逻辑关系。最终，所有这些视角的分析结果会被组合起来，形成一个全面的理解。

在多头自注意力的工作流程中，每个注意力头都是独立的，它们各自生成查询、键和值向量，并通过独立的点积计算来获取相应的注意力分布。然后，将这些注意力头的输出结果合并在一起，经过线性变换后传递给后续的层。这样做的好处是，模型不仅可以捕捉序列中不同元素间的直接关系，还能够从不同的角度分析同一个序列，从而提高特征表达的多样性和准确性。点积注意力计算公式见式 2-1。

其中，$\boldsymbol{Q}$ 代表查询向量（Query）；$\boldsymbol{K}$ 代表键向量（Key）；$\boldsymbol{V}$ 代表值向量（Value）；d_k 是键向量的维度。通过对 $\boldsymbol{Q}$ 和 $\boldsymbol{K}$ 进行点积计算，模型能够得出每个输入元素与其他元素的相关性。

2. 编码器中的前馈神经网络

多头自注意力机制输出的信息并没有直接传递给下一个编码层，而是首先经过一个前馈神经网络进行处理。前馈网络的作用类似于一个信息处理器，它通过对自注意力输出进行进一步的线性变换和非线性激活，增强模型对特征的表达能力。

前馈神经网络实际上是一个全连接层，它在每个输入元素的特征表示上执行线性变换（权重矩阵乘法）和非线性激活（例如 ReLU 函数）。通过这种处理，前馈网络能够捕捉到更加复杂的模式，使得模型能够对输入信息进行更深层次的抽象。

可以将前馈网络理解为一种“精加工”过程。就像在制造过程中，粗加工后的材料需要进一步打磨和精细处理以达到最终的高质量输出，前馈网络承担了这种精细加工的任务。在前馈网络中，模型可以识别到自注意力机制未能充分捕捉到的一些局部特征，从而进一步增强对输入序列的理解。

值得注意的是，多头自注意力机制会在全局范围内捕捉词与词之间的依赖关系，而前馈网络则是对每个词的表示独立进行处理。这种局部处理方式帮助模型在不丢失全局依赖信息的前提下，进一步丰富对每个词的独特理解。

编码器中的每一层通过多头自注意力机制和前馈神经网络的相互配合，使得模型能够同时捕捉全局和局部的特征信息。自注意力机制确保模型能够理解输入序列中每个词语与其他所有词之间的相互关系，而前馈网络则进一步增强了这些信息的表达能力。

如果把这个过程比作参加一场大型会议，自注意力机制就像是同时听取和分析发言的每一个部分，并评估每一部分与其他部分的相关性。而前馈网络则相当于你在听完演讲后，经过思考和整理，提炼出对每个发言部分的更深层次理解。对演讲者的发言进行总结不仅要求你关注演讲的每个部分，还需要你理解它们之间的关系。这种过程帮助你最终得出全面的结论，而不仅仅是对每个片段的简单记录。这种全局与局部信息的交互，使得 Transformer 模型不仅能够很好地保持信息的全局一致性，还能够对序列进行细致入微的处理。

三、解码器的结构与功能

在 Transformer 模型中，解码器的结构承担着生成目标序列的重任，它不仅需要依赖自身的机制生成输出，还必须与编码器保持紧密的联系，确保生成的内容在语义和上下文上与输入一致。解码器与编码器类似，也是通过多个相同的层级“堆叠”而成。解码器的每一层包含三个核心子层：自注意力机制、编码器 - 解码器交互的多头注意力机制以及前馈神经网络。这三个组件相互协作，确保解码器能够高效、准确地生成符合逻辑和语义的输出。解码器结构如图 4-2 所示。

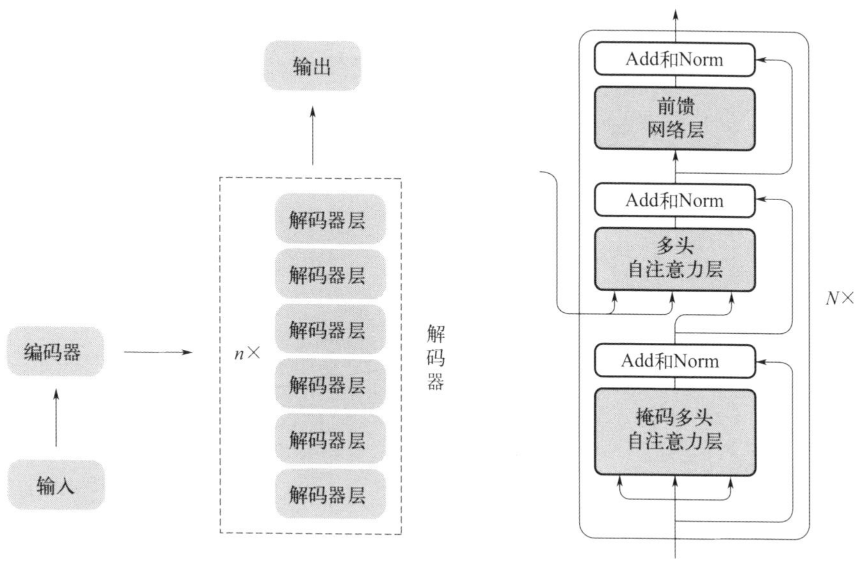

图 4-2　解码器结构

1. 解码器中的自注意力机制

解码器的第一个子层是自注意力机制，这一机制与编码器中的自注意力机制非常相似，但它的应用方式有所不同。由于解码器生成输出是一个逐步进行的过程，它只能基于已生成的部分来推测接下来的词汇，而不能“窥探”未来的词。因此，解码器中引入了一个至关重要的机制：掩码机制（Masking）。掩码机制确保模型在生成当前词时，只能看到之前已生成的词，而不能参考尚未生成的词。

这个掩码机制可以理解为一种“时间屏障”，防止模型打乱生成序列的时间顺序。就像人类写文章一样，写作时我们不能直接跳到文章的末尾，而是需要逐步进行，基于前面的内容继续写后续的段落。举个例子，当我们翻译一句话时，译者不可能一开始就知道整句话的翻译结果，而是逐字逐句地进行翻译，同时确保前后连贯。解码器在生成过程中也是这样：它会通过自注意力机制回顾已经生成的部分，然后决定下一个词语该如何生成。

为了实现这一点，解码器中的自注意力机制使用了掩码操作，即将未生成的部分“遮挡住”，让模型无法访问这些未来的词汇。这样，模型在每个时间步只能看到它当前允许访问的部分，避免了信息的泄露。自注意力机制通过为每个词生成查询、键和值向量，计算当前词与所有已生成词之间的关系，进而决定如何生成下一个词。这种逐步生成的方式确保了生成输出的语法和语义的一致性。

2. 编码器 - 解码器交互的多头注意力机制

解码器的第二个子层是编码器 - 解码器交互的多头注意力机制。这一机制的设计允许解码器在生成输出时，不仅仅依赖自己的自注意力机制，还可以参考编码器对输入序列的理解。通过这个交互层，解码器能够不断从编码器的输出中获取上下文信息，确保生成的输出与输入之间保持高度一致的语义关联。

这一层的工作原理类似于对话中的应答过程。假设两个人在进行对话，编码器扮演的是“倾听者”的角色，它负责理解对方的话语。而解码器则是“回应者”，它不仅要基于自己已经生成的部分做出回应，还需要不断参考对方所说的内容，确保对话的连贯性和回应的准确性。在机器翻译任务中，解码器会根据编码器提取的源语言信息，逐步生成目标语言的翻译。

这种交互机制的本质在于通过多头注意力机制实现查询、键、值的计算，使得解码器能够从编码器生成的向量中提取关键信息。每个注意力头负责在不同的子空间中捕捉输入和输出之间的相关性，并最终将这些信息融合在一起，生成对源序列的全面理解。通过这种机制，解码器可以始终保持与源序列的一致性，确保生成的目标序列逻辑严谨、语义正确。

3. 解码器中的前馈神经网络

在编码器 - 解码器交互层之后，解码器的输出会经过一个前馈神经网络。这个子层与编码器中的前馈网络类似，作用是对经过注意力层处理的特征进行进一步的线性变换和非线性激活。前馈网络使得解码器能够在局部层面上对每个词的表示进行更深层次的优化，帮助模型捕捉到复杂的语义和结构信息。

（1）线性变换：特征的加权与转换

前馈网络的第一步是执行一个线性变换。线性变换通过将输入的向量与一个权重矩阵相乘，并加上一个偏置项，生成新的特征表示。数学上，它可以被表示为：

$$\boldsymbol{h}=\boldsymbol{x}\boldsymbol{W}+\boldsymbol{b} \tag{4-1}$$

其中，$\boldsymbol{x}$ 是输入特征；$\boldsymbol{W}$ 是权重矩阵；$\boldsymbol{b}$ 是偏置项；$\boldsymbol{h}$ 是线性变换后的输出。通过这种线性变换，模型能够对输入特征进行加权处理，进而调整特征的表示方式。

线性变换的目的是将输入数据映射到一个新的特征空间中，使得模型能够更好地捕捉输入数据中的模式和关系。在解码器的生成过程中，线性变换相当于为每个词汇的表示赋予不同的权重，这些权重反映了词汇在当前上下文中的重要性。例如，如果解码器正在生成一个复杂的句子，某些词可能对句子的语义贡献更大，线性变换通过权重调整来确保这些词被更好地捕捉。

为了帮助理解，我们可以将线性变换类比为在学习过程中对不同课程的重点进行加权。例如，在准备考试时，你可能会发现某些章节比其他章节更重要，因此你会花更多的时间和精力在这些章节上。类似地，线性变换通过权重矩阵为输入特征分配不同的“注意力”，帮助模型区分重要特征和次要特征。

(2) 非线性激活：引入复杂性与灵活性

线性变换之后，前馈神经网络会对结果应用一个非线性激活函数。在 Transformer 中，通常使用的是 ReLU 激活函数（Rectified Linear Unit），它的数学表达为：

$$ReLU(x)=\max(0,\ x) \tag{4-2}$$

ReLU 的作用是将线性变换后的结果中小于零的部分归零，保留大于零的部分。非线性激活的引入，突破了线性模型的局限性，使得模型能够表示更复杂的特征关系。如果没有非线性激活，模型的表现将受到线性变换的限制，无法捕捉到输入数据中的复杂模式。

类比来看，非线性激活就像是学习过程中引入的灵活思维。如果你只按照固定的逻辑来处理所有问题（就像线性变换），你的理解能力将受到局限。但当你能够灵活应用知识、跳出固定思维时，你才能更好地解决复杂的问题。非线性激活函数为模型提供了这种“灵活性”，帮助模型处理更加复杂的特征并提高生成内容的质量。

(3) 第二次线性变换：信息的再加工

在非线性激活之后，前馈神经网络会执行第二次线性变换。这一步骤类似于第一次线性变换，但它的目的是将经过激活函数处理后的特征再进一步压缩或扩展到最终输出的维度。这个过程可以看作对信息的再加工，确保模型的输出特征可以被传递到下一层进行进一步处理。

可以将这一步比作是在初步加工之后，对生成的内容进行精细调整和修改。就像一个作家在写作时，初稿可能只是对想法的粗略表达，经过反复修改和加工，最终呈现出一篇流畅的文章。同样，前馈神经网络的第二次线性变换确保生成的特征更加细致，准备好供下一步处理。

前馈神经网络的加工过程就像一个厨师在菜肴烹饪的最后阶段会进行调味和装盘，前馈神经网络通过对注意力层输出的进一步处理，提升了生成内容的细节和质量。前馈网络通过对每个词的独立处理，增强了模型在捕捉复杂模式时的能力，确保生成的序列不仅符合整体语义，还能在词与词的细节上表现得更加连贯。

解码器是 Transformer 生成能力的关键，它通过自注意力机制、编码器 - 解码器交互机制以及前馈网络的协同作用，确保模型能够逐步生成符合上下文的高质量输出。无论是通过掩码机制确保生成过程的顺序性，还是通过交互层不断参考编码器的上下文信息，解码器都表现出了强大的灵活性和生成能力。

四、编码器 - 解码器架构的实际应用

在当代自然语言处理和其他领域的实际应用中，编码器 - 解码器架构扮演着至关重要的角色。其灵活性、强大的建模能力以及处理长序列的效率，使其在诸多任务中展现出卓越的表现。从机器翻译到文本生成，再到多模态任务，编码器 - 解码器的广泛应用充分体现了这一结构的价值。而随着研究的深入，这一架构也不断被优化和改进，进一步提升了其在处理复杂任务时的性能。

在自然语言处理领域，编码器 - 解码器架构在解决诸如机器翻译、文本摘要、对话系统等任务时，已经成为了标准方案。传统的语言模型通常面临着序列长度限制、全局依赖关系捕捉不佳等问题，而编码器 - 解码器架构的引入，成功解决了这些瓶颈。

最具代表性的应用是机器翻译。在这类任务中，编码器 - 解码器架构极其适合将源语言转换为目标语言。具体而言，编码器首先接收输入的源语言句子，并将其转化为一系列隐含的向量表示。这些表示保留了输入句子的全部语义信息。然后，解码器在目标语言空间中逐步生成翻译结果。由于编码器和解码器之间的交互层能够在生成的每个步骤中引用输入句子的全局上下文信息，这种架构特别擅长处理句子中的长距离依赖问题，确保生成的翻译不仅符合目标语言的语法，还能够精准表达原句的含义。

例如，Google Translate 等翻译系统广泛使用基于 Transformer 的

架构来进行机器翻译。相比传统的基于RNN或LSTM的翻译模型，Transformer在并行化计算上的优势使其能够处理大规模的数据集，并在训练时更高效地捕捉句子中的复杂依赖关系。这一优势在翻译长句子时尤为明显。传统模型往往在处理较长的句子时会出现信息丢失或依赖关系弱化的问题，而编码器-解码器的架构则能够通过自注意力机制在每个时间步上重新聚焦关键部分的信息，从而保持翻译的一致性和准确性。

同样，文本摘要生成也是编码器-解码器架构的重要应用之一。在文本摘要任务中，模型需要在保留关键信息的同时，对输入的长文本生成简洁的摘要。编码器负责对长文本进行压缩和编码，提取出其中的核心信息，而解码器则基于这些信息生成简短的摘要。因为解码器能够动态引用编码器的全局信息，这使得它可以在生成每句话时，始终保持与原文内容的紧密联系。像Summarization工具或新闻摘要自动生成系统正是基于这种架构开发的，它们极大提高了文本处理和信息提炼的效率。

在对话系统中，编码器-解码器结构也被广泛应用，尤其是在聊天机器人和虚拟助手的开发中。聊天机器人需要根据用户的输入生成连贯的、符合上下文的回复，而这正是编码器-解码器架构的优势所在。通过编码器捕捉用户输入中的意图、语境和关键信息，解码器可以生成高度相关且逻辑连贯的响应，确保与用户的互动自然流畅。像Siri、Google Assistant、Alexa等语音助手，背后都利用了这种架构来提供实时的对话体验。

除了传统的文本任务，编码器-解码器架构在多模态任务中也表现出了巨大的潜力。在多模态任务中，模型不仅需要处理文本，还需要处理其他形式的数据，如图像、视频或音频。这对模型的理解能力提出了更高的要求，编码器-解码器架构的灵活性在这类任务中得到了充分发挥。

一个典型的例子是图像描述生成。在这一任务中，模型接收输入的图像，然后生成自然语言描述。首先，编码器部分将输入图像的像素数据进行编码，生成一组特征表示。这些表示捕捉了图像中的重要信息，比如图像中的物体、场景以及它们之间的相互关系。接下来，解码器则基于这些图像特征生成文本描述。这一过程中，编码器-解码器架构的优势在于能够同时处理视觉和语言两种不同模态的数据。通过这种架构，模型能够生成准确的图像描述，应用场景有盲人辅助系统、自动图像标注等。

类似地，视频字幕生成也依赖于编码器 - 解码器结构。在这类任务中，模型需要首先对输入的视频帧进行编码，提取其中的视觉和时间特征，然后基于这些特征生成与视频内容匹配的字幕。这种任务的难点在于不仅要理解视频的视觉信息，还要捕捉其动态变化，而编码器 - 解码器架构提供了一种有效的方式来融合不同模态的信息。

尽管编码器 - 解码器架构在许多任务中已经取得了显著的成效，但随着研究的深入，针对这一架构的优化也在不断进行。尤其是在处理长序列任务时，研究者们发现，标准的编码器 - 解码器架构有时会受到长距离依赖关系的影响，导致模型对输入序列的远端部分理解不足。因此，近年来提出了许多改进方案以增强模型处理长序列的能力。

前文提到过的 Transformer-XL 是其中一个显著的例子。Transformer-XL 通过引入相对位置编码和循环机制，解决了标准 Transformer 在处理长序列时的局限性。它能够在保持模型计算效率的同时，扩展模型的上下文记忆，使得模型能够跨越多个片段捕捉长距离依赖。这种设计尤其适用于诸如文档级机器翻译或长篇文章生成的任务。

另外，编码器 - 解码器架构与预训练模型的结合也是近年来的一个重要发展方向。诸如 BERT、GPT 等预训练语言模型，已经通过大规模的无监督预训练，学会了丰富的语义表示。当这些预训练模型与编码器 - 解码器架构结合使用时，它们的表现效果得到了显著提升。例如，T5（Text-To-Text Transfer Transformer）模型就是一个典型的基于预训练的编码器 - 解码器模型，它将所有的文本任务统一为“文本到文本”的转换任务，通过这种方式大大增强了模型的适应性和性能。这些将在本书后文进行详细的介绍。

未来，随着深度学习技术的发展，编码器 - 解码器架构有望在更多领域得到应用和优化。尤其是在处理复杂的多模态任务、长序列任务以及跨领域的生成任务时，这一架构将发挥越来越重要的作用。研究者们还在探索将更多的预训练方法与编码器 - 解码器架构相结合，进一步提升其在各类生成任务中的性能。与此同时，新的优化方案如基于记忆机制、改进的注意力机制等，也有望解决现有架构在处理极长序列或跨领域任务中的挑战。

第五章　残差连接和层标准化

一、深层网络的挑战与优化

二、残差连接的工作原理与作用

三、层标准化的工作原理与作用

四、残差连接和层标准化的协同作用

五、残差连接与层标准化在实际应用中的优化与改进

一、深层网络的挑战与优化

在学习了编码器和解码器后，我们知道了在 Transformer 模型中从输入到输出需要进行多层的计算和操作。这是 Transformer 模型成为一个成功的深度模型的重要原因之一——随着深度学习领域的发展，神经网络的层数逐渐加深，以期能够从数据中提取出更加抽象和复杂的特征。模型的深度让深度模型能够理解从低级的、直观的特征到高级的、语义丰富的信息，例如图像中的边缘和角落，或者文本中的词汇依赖关系。然而，尽管这些深层网络展现了出色的性能，但它们在训练过程中也面临一系列技术难题。

对于深度神经网络来说，训练中最棘手的问题之一便是梯度消失（Vanishing Gradients）和梯度爆炸（Exploding Gradients）。这两个现象是指，在进行反向传播时，随着梯度通过网络层与层之间的传递，其值可能会逐渐变小，导致模型难以有效更新权重，训练停滞不前（梯度消失）；或者梯度值过大，导致网络的权重更新过于剧烈，模型发散（梯度爆炸）。

为了理解这个问题，我们可以从网络的“反向传播算法”入手，见图 5-1。反向传播依赖于链式法则，通过逐层计算梯度来更新网络参数。对于每一层的神经元来说，其梯度由该层的激活值、前一层的输出以及损失函数共同决定。当网络层数增加时，每一层的梯度都会累积到之前的层上。如果每一层的梯度较小，那么累积到最初层的梯度也会变得极其微小，导致参数更新的幅度不够，模型的学习进程几乎停滞；相反，如果每层的梯度较大，那么累积起来的梯度会变得非常大，导致模型参数发生大幅度变化，甚至使得模型在训练中不收敛。

一个简单的数学表达可以帮助理解这一现象：在一个具有 L 层的神经网络中，假设我们使用链式法则计算某层的梯度，这个梯度是由所有上一层梯度的乘积决定的。如果每层的梯度都小于 1，那么乘积会迅速趋近于

0，导致梯度消失；如果每层的梯度都大于1，那么乘积会快速增大，导致梯度爆炸。这种逐层传递的现象类似于在现实生活中，如果一个消息通过多个中间人传递，每个人都对这个消息进行少量的修改或调整，随着中间人数量的增加，原始信息会逐渐失真甚至完全消失。图5-2为梯度消失与梯度爆炸示意图。

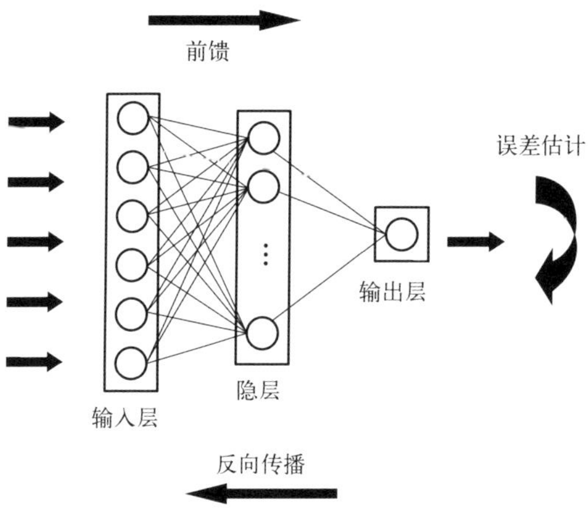

图 5-1 反向传播示意图

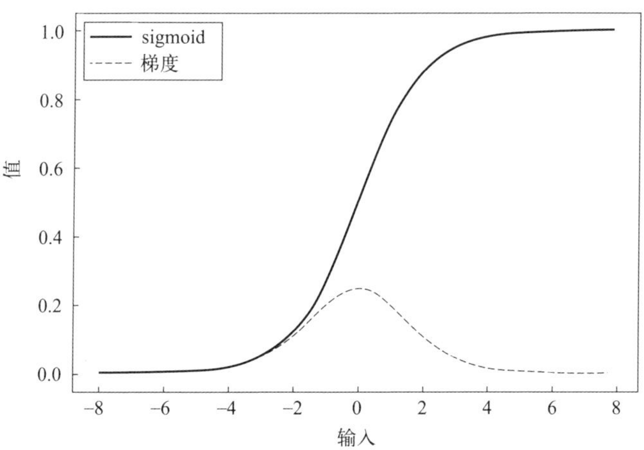

图 5-2 梯度消失与梯度爆炸示意图

梯度消失和梯度爆炸仅仅是深层网络面临的众多问题之一，还有另一个显著的挑战——训练不稳定性。随着层数增加，网络的输出分布可能在不同层之间产生巨大的变化，导致在训练中难以找到合适的参数更新步伐。即使通过学习率等超参数的调节，我们也很难稳定地控制梯度的变化范围。

这种训练不稳定性在早期的深度学习研究中被称为“内部协变量偏移”（Internal Covariate Shift），它指的是网络内部各层参数的不断更新导致层与层之间的输入分布不断变化。这种变化会让模型难以保持收敛速度，模型可能需要反复调整多个层的参数以适应其他层的变化。简单来说，网络中的每一层都在不断“适应”其他层的调整，增加了训练的复杂性。可以将其类比为一个团队合作中，团队成员不断变化他们的工作风格，彼此间需要频繁调整，增加了工作协调的难度。

面对这些深层网络训练中的问题，研究者们开始提出一系列优化技术，旨在帮助网络在训练过程中保持稳定，同时减少梯度消失和爆炸的风险。经典的优化方法［如“激活函数的选择”（例如 ReLU 代替 sigmoid 或 tanh），以及“学习率调节策略”（如自适应学习率方法，Adam 或 RMSProp）］虽然在一定程度上缓解了这些问题，但它们并没有从根本上解决深层网络的训练挑战。

因此，在更高层次上，研究者们提出了更为强大的优化方案：残差连接和层标准化。这些技术不仅在数学上解决了梯度消失与爆炸的问题，还在实际应用中大大加速了深层网络的训练过程，使得我们能够训练越来越深的神经网络，同时保持性能提升。

残差连接通过为信息流动提供捷径，帮助深度网络更好地保持梯度的传播，从而有效解决了梯度消失问题；而层标准化则通过在每一层中调整输出分布，帮助网络在不同层之间保持训练的稳定性。通过这两项技术的引入，深层网络的训练效率和稳定性得到了显著改善。

这两项技术最早在深度卷积网络和自注意力模型中得到广泛应用。在这些架构中，模型通常会堆叠大量层，用以处理复杂的输入数据。传统的优化方法难以应对如此深的网络结构，因此残差连接和层标准化的提出成为了突破深度学习瓶颈的关键。

在 Transformer 中，残差连接和层标准化不仅解决了模型训练中的稳定性问题，还使得模型能够堆叠更多层次，捕捉更复杂的语义和依赖结构。这些技术的引入为 Transformer 架构奠定了稳固的基础，使其在自然语言处理等任务中表现出色。

二、残差连接的工作原理与作用

正如上文所说，深度模型存在梯度消失与梯度爆炸的难题。残差连接在工作过程中直接将每一层的输入与该层输出相加，从而为信息提供了一条捷径，使得信息可以在网络的各层之间无障碍地流动。这种机制确保了即便某一层的变换非常弱或不准确，输入信号依然能够流向下一层，从而避免了信息在深层网络中丢失。

为了更清楚地理解残差连接的工作原理，我们可以从数学公式入手。对于一个神经网络中的任意一层，通常有：

$$output = f(x) \tag{5-1}$$

其中，$f(x)$ 表示该层的非线性变换；x 是输入。这意味着在普通的神经网络中，每一层的输出完全依赖于该层的非线性变换。如果某一层的变换不理想，整个网络的表现可能会受到影响。

然而，残差连接的引入改变了这种依赖关系。通过添加残差连接，输出变为：

$$output = f(x) + x \tag{5-2}$$

在这种情况下，网络的输出不仅依赖于该层的变换 $f(x)$，还保留了输入 x 的信息。这种设计的优势在于，即使网络的变换 $f(x)$ 学习得不理想，输入信息依然能够顺畅地传递到下一层。这就是所谓的残差（Residual），即在每一层中，模型学习的并不是直接的映射，而是“残差”，即如何对输入进行微小的调整，从而使得输入与输出的差异最小。

这种残差学习的策略减轻了模型每一层的学习负担。在普通的深度网络中，每一层都必须学习从输入到输出的完整映射，随着网络的加深，这种映射变得越来越复杂。然而，残差连接让模型只需学习如何“微调”输入，而不是完全重新构建输入与输出之间的关系。这种设计不仅加速了模型的训练，还使得深层网络更容易优化。

残差连接的最大优势之一在于它为信息提供了一条“无损传递的捷径”。在传统的深层网络中，每一层都必须对输入进行复杂的变换，因此信息在经过多层后可能会被过度处理或丢失，尤其是在梯度消失的情况下，信息的传递变得更加困难。

我们可以将这种信息流动类比为通过一条狭窄的隧道运输货物。没有残差连接的网络就像是一条蜿蜒的山路，货物在每个转弯处都可能丢失或者损坏。而残差连接就像是一条直通的高速公路，即使山路再复杂，货物依然可以通过这条高速公路顺利到达终点，几乎不会受到中间过程的影响。

在深层网络中，这条“高速公路”就是信息流动的捷径。即便中间的某些层对输入信息的处理并不理想，信息仍能通过残差连接传递到更深的网络层，确保模型能够保持信息的完整性。

在反向传播中，残差连接（图 5-3）同样起到了关键作用。残差连接通过为梯度提供直接的传播路径，大大缓解了梯度消失的问题。由于每一层的输入不仅会被传递到该层的非线性变换中，还会直接传递到下一层，因此在反向传播时，梯度也可以直接通过残差连接流回上层。这种直接的

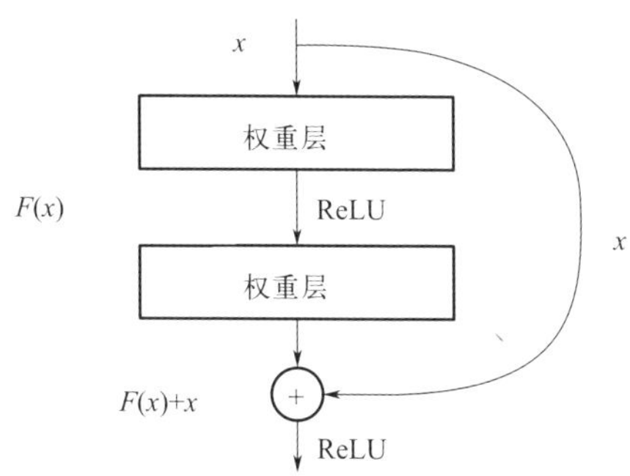

图 5-3　残差连接

梯度路径保证了梯度在深层网络中不会完全消失，模型能够更有效地更新各层的参数。

虽然残差连接最初是在卷积神经网络（如 ResNet）中提出的，但它的应用远远超出了图像领域。在 Transformer 架构中，残差连接同样发挥着至关重要的作用。

在 Transformer 中，残差连接被应用在每一个核心模块——包括多头自注意力机制和前馈神经网络之后。具体来说，在每个注意力层或前馈网络层中，输入 x 会经过该层的非线性变换（例如自注意力计算或前馈网络的线性变换与激活），得到输出 $f(x)$。随后，这个输出与输入直接相加，形成该层的最终输出。

三、层标准化的工作原理与作用

前文中我们提到，在深层网络中，随着网络层数的增加，网络的输出分布可能发生剧烈变化，这会导致训练的不稳定性。具体来说，深层网络的每一层可能产生不同分布的输出，而这些输出在作为下一层输入时，可能导致网络难以快速收敛。为了应对这一问题，研究者提出了几种不同的标准化方法，最早的批标准化（Batch Normalization）便是其中的一种。批标准化通过在每一批次的训练数据中对神经元的激活进行标准化，减轻了内部协变量偏移的影响。

然而，批标准化依赖于每一批次的数据，尤其是在小批量数据或序列处理任务中，批标准化的效果并不理想。因此，层标准化应运而生。它不再依赖于每一批次的数据，而是对每一层的输出进行标准化，使得网络在每层的输出都处于相对平衡的状态。这种方法特别适合如 Transformer 这类需要处理长序列任务的网络架构。

为了更深入地理解层标准化的工作原理，我们也要从它的数学表达式入手。层标准化的核心思想是通过标准化每一层的输出，确保该层的输出具有一致的分布特征。这一过程可以通过式 5-3 描述。

$$\hat{x}_i = \frac{x_i - \mu}{\sigma + \varepsilon} \tag{5-3}$$

其中，$\hat{x}_i$ 是经过层归一化的最终输出；x_i 是神经元在该层的输出；μ 是该层输出的均值；σ 是标准差；ε 是防止分母为零的小常数。通过这一操作，层标准化将输出归一化，使得它们的均值为 0，标准差为 1。

层标准化不同于批标准化的地方在于，它在每一层的维度上进行标准化，而不是像批标准化那样针对一整个数据批次。具体来说，批标准化依赖于每一个训练批次的数据，它对整个批次的数据进行均值和方差的计算，然后再进行归一化。这种方法在大批量训练中表现非常出色，尤其适用于卷积神经网络等结构。然而，批标准化在处理小批量数据或序列任务（如自然语言处理、序列预测等）时表现不佳，因为它在小批量数据上的估计往往不够准确，容易引入偏差。

而层标准化对每一层的输出进行独立的标准化，这种方法非常适合像 Transformer 这样的处理模型。特别是在自然语言处理任务中，模型往往需要逐个处理输入序列（例如句子中的每一个单词），这使得批标准化的效率和准确性大打折扣，而层标准化则通过标准化每层的输出，使得模型在处理小批量数据时依然保持稳定。

层标准化通过标准化每一层的输出，有效地减少了网络层之间输出分布的剧烈波动，这使得模型的训练过程更加稳定。可以将这种作用类比为团队中的每个成员在任务执行过程中，时刻保持一致的工作节奏和风格。如果每个成员的工作方式差异过大，团队的整体效率将受到影响。同样，网络的每一层如果输出分布变化过大，会导致网络难以快速收敛。通过标准化，层与层之间的输出保持相对稳定，使得梯度的更新更加平滑，模型能够更快、更稳定地收敛。

在实际应用中，层标准化通过减少每一层输出的分布变化，帮助网络在处理复杂数据时保持稳定。例如在 Transformer 模型中，层标准化被广泛应用于多头自注意力层和前馈神经网络层。每次在通过这些层之后，层标准化会被应用于输出结果，使得每一层的输出在进入下一层时保持稳定和标准化的分布。这不仅减少了网络训练中的波动，还使得模型在处理不同长度的输入序列时，能够保持一致的表现。

而在 Transformer 的多头自注意力机制中，每个注意力头会从不同的角度捕捉输入序列的特征。这意味着在通过不同的注意力头后，输出的分布可能差异巨大。如果不进行标准化处理，模型可能难以有效学习这些特征之间的依赖关系。而通过层标准化，模型可以确保不同头的输出在标准化后具有相对一致的分布，这使得模型能够更好地捕捉特征间的相关性，提升训练效率。

四、残差连接和层标准化的协同作用

虽然残差连接和层标准化各自解决了不同的问题，但它们在深层网络中是协同作用的。残差连接解决了信息传递和梯度消失的问题，而层标准化则控制了各层输出的波动，确保了模型在训练过程中不至于失控。正是因为它们的协同作用，Transformer 这样的模型才能够堆叠几十层甚至上百层的网络，捕捉到更加复杂的特征和长距离的依赖。

残差连接提供捷径路径，使得输入信息可以绕过网络层的非线性变换直接传递到下一层，确保模型在层数增加的情况下仍能高效训练。而层标准化提供了训练的稳定性，它帮助网络层的输出保持在合适的范围内，减少了梯度的波动，使得梯度在传递时不会因为输入的变化而发生剧烈的变化。二者的协作减少了网络深层的“退化”问题，即随着层数增加，模型的表现反而不如浅层模型的现象。

残差连接和层标准化就像建筑中的钢筋和混凝土。钢筋（残差连接）为建筑提供了坚固的骨架，确保建筑不会倒塌，而混凝土（层标准化）则填充了每一层的结构，使其能够承受外界的压力，保持平稳。这种协同的设计使得建筑能够在极高的层数下依然保持稳固。对于深度神经网络来说，残差连接和层标准化提供的就是这种协同的“加固”作用。

在每一层的实际操作中，残差连接和层标准化通常结合在一起使用。

具体而言，在输入通过一层网络（如自注意力机制或前馈神经网络层）之后，网络的输出会首先通过层标准化处理，以消除输出的分布波动，接着将处理后的结果与输入通过残差连接相加，形成该层的最终输出。这个过程确保了每一层的信息既能有效传递，又不会产生不稳定的梯度更新。

五、残差连接与层标准化在实际应用中的优化与改进

残差连接和层标准化这两项技术在深度神经网络的应用中已经取得了巨大的成功，尤其是在 Transformer 模型、ResNet 等网络中。然而，随着任务复杂性的增加，研究者们不断探索如何进一步优化这些技术，以应对深层网络的多样性和任务需求。

在自然语言处理领域，Transformer 模型的广泛应用推动了残差连接和层标准化的发展。通过这些技术，Transformer 能够处理多达数百万甚至数十亿个参数，从而在任务中表现出色，例如机器翻译、文本生成、摘要生成等。

优化残差连接的一个重要方向是针对不同任务需求调整连接结构。在一些任务中，模型可能需要处理较长的序列数据，此时，深度网络的层数显著增加。过深的网络会导致信息在层与层之间的流动变得困难，特别是在长序列依赖任务中，例如长篇文章摘要或长文本的语义分析。在这种情况下，优化残差连接的策略是引入“跳层残差连接”，即将输入信息绕过多个层直接传递到更深的层次。这种方式加快了信息的传递速度，同时增强了模型在处理长序列依赖时的表现。

例如，BERT 模型作为基于 Transformer 架构的经典模型，在机器翻译和问答任务中表现优异，它通过残差连接和层标准化的结合来确保每一层信息的传递。在 BERT 中，残差连接的优化使得模型能够在处理海量数据时保持高效，特别是在捕捉文本中的长距离依赖关系时，显著提升了模

型的表现。通过残差连接，BERT 能够在深度网络中有效传递语义信息，并且避免因层数过多导致的梯度消失问题。

在图像处理任务中，残差连接和层标准化同样得到了广泛应用，尤其是在 ResNet 这样的经典模型中。ResNet 之所以能够在计算机视觉领域大获成功，正是得益于其创新的残差连接设计，使得深层卷积网络能够有效训练。这种结构允许网络扩展到数百甚至数千层，而不必担心梯度消失或爆炸。

针对图像任务，层标准化的优化主要体现在对于不同数据集的适应性上。例如，对于含有高分辨率图像的大型数据集，研究人员可以选择在部分卷积层中应用批标准化而非层标准化，或者使用基于任务特性的自适应标准化策略，如“可学习的层标准化参数”，以增强网络的灵活性。这种优化确保了在大规模图像任务中，网络能够在不同层之间保持一致的输出分布，从而提高了训练的稳定性。

与此同时，图像生成任务中使用的“生成对抗网络”（GAN）也受益于残差连接和层标准化的优化。在生成器网络中，残差连接确保了低层次的图像特征能够被有效传递到深层次，而层标准化则帮助生成器保持输出图像质量的一致性。

除此之外，多模态任务（如图像与文本的联合处理）是残差连接和层标准化的另一个重要应用领域。对于这种任务，模型通常需要同时处理多个不同类型的输入（如图像、文本、音频等），每种输入的特征可能完全不同，因此对网络层数和输出一致性的要求更高。

例如，在视频字幕生成任务中，网络需要同时理解视频内容和生成自然语言描述。在这种场景下，残差连接和层标准化可以帮助模型在处理视觉和语言特征时保持一致性，确保模型能够有效捕捉视觉和文本之间的关系。在这些应用中，研究人员可能会针对不同模态引入特定的残差连接方式，甚至会引入不同类型的标准化策略来分别处理图像和文本信息。

在多领域应用以外，相对位置编码和稀疏注意力机制的引入，也为残差连接和层标准化提供了新的优化方向。随着长序列任务中更多高效注意力机制的研究发展，残差连接和层标准化可以与这些机制结合，以处理更大规模的任务数据。例如，未来的优化可能包括动态调整残差连接的跳层路径，或在不同深度的层之间自适应应用不同的标准化策略，以提升模型的灵活性。

未来的研究方向将集中于如何通过自适应的残差连接和标准化策略来进一步提升模型的灵活性和性能，特别是在处理长序列和多模态数据时。这些技术的改进将为深度学习模型的扩展和优化提供更加坚实的基础，并推动它们在更多领域的应用。

第六章　预训练与微调

一、引言

二、预训练语言模型的概念

三、微调的概念

四、预训练与微调的实际应用

五、模型效率的优化

六、未来展望

一、引言

在我们深入学习预训练和微调之前，首先要理解这些方法的出现是为了解决自然语言处理和其他深度学习领域中存在的一些关键问题。

1. 从头训练的高昂成本

早期的神经网络模型，尤其是在自然语言处理任务中，都是通过从头开始训练的方式进行，这意味着模型要在每个任务上从零开始学习。

然而，从头训练意味着每个新任务都需要大量的计算资源和时间。深度神经网络，尤其是如 Transformer 这样的大型模型，包含数百万甚至数十亿个参数。训练这些模型需要巨大的计算能力和数据，导致时间和资源成本非常高。对于小型研究团队或没有大量资源的应用场景来说，从头训练是极其不现实的。

同时，从头训练的模型需要大量标注数据才能取得较好的性能。然而，在现实世界中，标注数据的获取非常昂贵且耗时。例如，在医疗、法律等领域，数据需要专家的标注，成本极其高昂。而在低资源语言或特定任务中，数据的获取更加困难。

除此之外，模型从头开始训练的过程中，尤其是当数据集较小时，模型可能会陷入“过拟合”问题。模型过拟合时，学习到的不是数据的广泛模式，而是过于依赖特定的数据特征，导致模型在测试集或实际任务中的表现大打折扣。

预训练和微调技术的提出，正是为了避免这些问题，使得模型可以在大量无标注数据上先进行预训练，从而减少对标注数据的依赖，并通过少量标注数据的微调，让模型适应特定任务。

2. 泛化能力不足与跨任务迁移的挑战

早期的深度学习模型通常是为单一任务设计的。当模型在某个任务上表现很好时，如果将它应用到其他任务，通常需要重新进行大量的训练。这意味着即使两个任务有一定的相似性，模型也无法有效地从一个任务迁移到另一个任务。这种局限性极大地阻碍了深度学习模型在多任务、多场景中的广泛应用。

并且，许多任务之间共享相似的知识。例如，文本分类、情感分析和机器翻译都依赖于语言的语法和语义结构。如果每个任务都需要独立训练模型，这些任务之间共享的知识将无法有效利用。这种知识复用的低效使得深度学习在实际应用中耗费了大量计算资源。

在现代深度学习，特别是自然语言处理任务中，预训练与微调的引入解决了从头开始训练模型的计算成本和数据稀缺问题。预训练（Pretraining）是指在大规模无标签数据集上对模型进行初步训练，让模型学习到通用的语言模式和特征。通过在大规模的未标注文本数据（如维基百科、书籍语料等）上预训练，模型能够掌握语言的结构、上下文信息以及词语之间的语义关系。随后，模型可以通过微调（Fine-tuning）这一过程，在具体的任务数据上进行少量训练，以便适应特定的任务需求。

我们可以将预训练与微调类比为学生的学习过程。预训练阶段类似于"通识教育"，学生在这一阶段学习了广泛的基础知识，如数学、语言、历史等。无论未来该学生选择什么专业，预训练阶段都帮助他建立了坚实的基础。而微调则相当于"专业教育"，学生在选择了工程、医学、经济学等特定领域后，通过一系列专门课程来训练他们在某一领域的能力，让他们专注学习这些专业知识，并逐渐成为该领域的专家。无论是日常生活中的教育还是机器学习中的模型训练，这种从广泛知识到专用技能的逐步过渡过程都至关重要。

在 Transformer 架构的训练过程中，预训练与微调是相辅相成的。预训练为模型提供了丰富的语言表示和通用知识，使得它们能够在各种任务中表现出色；而微调通过针对特定任务的数据进一步调整模型，提升模型的任务专用性。这种从通用到专用的训练过程大大提高了模型的效率，减少了从头开始训练的资源需求，并且通过微调，模型能够快速适应新的任务需求。

二、预训练语言模型的概念

1. 自监督学习与语言模型

预训练语言模型的核心理念源自自监督学习（Self-Supervised Learning）的原理。自监督学习是一种无须人工标注的大规模数据学习方法，它通过数据中的内在结构为模型提供“伪标签”，从而让模型在无监督数据上进行训练。语言模型的预训练通常是通过这样的自监督任务来完成的。例如，模型通过预测文本序列中的下一个词或恢复被遮蔽的词，来学习词语与词语之间的依赖关系和上下文语义。这种学习方式无须人工标注数据，因此可以充分利用大量的无标签文本数据。

BERT 和 GPT 是两种最典型的预训练语言模型，它们在不同的自监督学习任务上展示了各自的强大之处。BERT 使用了双向遮蔽语言模型（Masked Language Model，MLM），其训练任务是预测句子中被随机遮蔽掉的词，而 GPT 则采用了自回归语言模型（Autoregressive Language Model），其目标是根据序列前面的词预测下一个词。

这种基于自监督学习的训练方法可以类比为一个人在阅读文章时，通过推测上下文来填补可能缺失的部分。当我们阅读一本书时，如果某个词模糊不清，我们可以根据前后文猜测它的意思。模型在预训练时所做的就是类似的工作：通过上下文语义线索，模型逐步学会了词汇、句法和更复杂的语言模式。

2. 预训练阶段的核心过程

在预训练阶段，模型会在大规模数据上进行广泛训练。这个阶段的主要目标是让模型掌握语言的通用表示，这种表示可以为后续的微调打下基础。无论是 BERT 还是 GPT，预训练的关键在于模型如何处理并学习数据中的模式和规律。

在 BERT 采用的双向训练方法中，模型会随机遮蔽掉输入序列中的一部分词，并要求模型通过上下文来预测这些被遮蔽的词语。比如，假设有一句话“猫坐在猫窝里”，模型可能会随机遮蔽掉“猫”和“猫窝”，变成“[MASK] 坐在 [MASK] 里”。此时，模型需要根据其他词语的信息推断出遮蔽掉的词是什么。通过这个过程，BERT 学习到每个词与上下文中其他词之间的关系，从而构建起词语的深层语义表示。图 6-1 为预训练方法示意图。

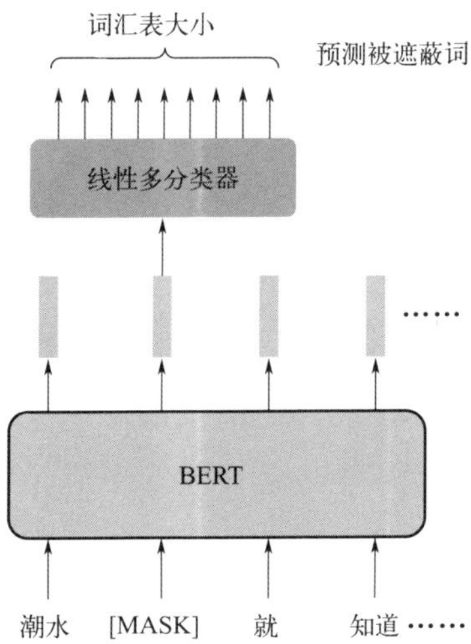

图 6-1 预训练方法示意图

如前文所说，GPT 的预训练方式与 BERT 不同，它采用了自回归的方式。GPT 通过逐步预测下一个词，依赖序列的前部分来推测接下来的内容。比如在“这条狗刚刚吃了”这个序列中，模型会根据之前的词推测下一个词可能是“狗粮”或“冻干”等。自回归模型更适合生成式任务，而 BERT 这样的双向模型则更适合用于理解任务。

这些不同的训练方法为模型赋予了不同的能力，但它们的共同点在于，通过预训练，模型能够在没有标注数据的情况下，学习到丰富的语言表示。这就好比一个人通过阅读大量的书籍，虽然没有人告诉他每句话的意思，但通过足够的语境，他能够逐渐掌握语言的使用规则和词语之间的关系。

3. 预训练的广泛数据来源

预训练模型的强大之处不仅仅在于其训练方法，还在于其使用的数据规模。预训练通常依赖于大规模无标签数据集，这些数据集可以来自维基百科、书籍、网络文章等广泛的文本资源。这使得模型能够接触到多样化的语言模式、主题和写作风格，从而获得高度概括的语言表示。

比如，GPT-3 在其预训练阶段使用了巨大的语料库，涵盖了从小说到新闻报道的广泛领域。通过这种方式，GPT-3 不仅学会了基本的语言结构，还掌握了不同语言风格的特征。因此，在后续的微调中，它能够根据特定任务（如对话生成、文本总结等）有不同的表现。

预训练数据的多样性和规模直接影响了模型的表征力。通过在广泛的文本资源上进行预训练，模型不仅能够理解常见的语言模式，还能够处理罕见的词语。这意味着在微调阶段，即便给模型提供的是一个较小的任务数据集，它依然可以基于预训练中学到的广泛知识，快速适应特定任务。

4. 预训练的计算成本与资源需求

预训练的优势显而易见，但其背后也有巨大的计算成本。现代大规模语言模型如 GPT-3、BERT 等，往往需要成千上万的 GPU 小时来进行训练，这使得这种训练方式对计算资源要求极高。这也是为什么预训练通常由科技公司或拥有大量计算资源的研究机构进行。

不过，一旦模型经过了预训练，它的成果就能够通过微调来进行广泛的应用。这意味着，虽然预训练的成本较高，但通过预训练共享模型，再通过微调适应不同任务，预训练模型的价值能够在多样化的任务中得到充分体现。可以将这种情况类比为研发一款高性能的工具，虽然研发成本高昂，但一旦完成，这款工具可以在不同的场景中广泛应用，极大降低了后续的成本。

三、微调的概念

相比于从头开始训练一个模型，微调只需要相对较少的标注数据和较短的训练时间，因为模型已经掌握了丰富的语言表示。微调过程的核心在于让预训练模型能够理解并执行特定任务，比如情感分类、实体识别或机器翻译。

1. 微调策略

在微调过程中，有多种策略可以帮助模型适应不同的任务需求。这些策略主要根据任务的复杂性、数据集的大小和计算资源的可用性进行选择。

（1）全模型微调

全模型微调是最常见的一种策略。它的核心思想是对预训练模型中的所有参数进行更新，使得模型能够更好地适应特定任务的需求。通过这种方式，模型在任务数据集上进行进一步的优化。全模型微调适用于任务数据量相对较大，或者任务与预训练任务较为接近的情况。

在全模型微调中，所有的层都会根据特定任务的数据进行训练，模型的每一个权重都会发生变化。通过这种方式，模型能够充分利用预训练的通用知识，同时通过微调获取针对特定任务的精细特征。

（2）冻结部分层

在某些任务中，特别是当任务数据集较小或者计算资源有限时，可以选择冻结预训练模型中的部分层。冻结部分层意味着某些层的参数在微调过程中保持不变，只对模型的部分参数进行训练。通常，最靠近输入的前几层往往与语言的通用表示相关，因此它们可以冻结，只对模型的后几层（即靠近输出端的任务专用层）进行微调。

冻结部分层的优势在于它显著减少了计算资源的需求，并且能够防止过拟合，特别是在数据量较少的情况下。冻结部分层的策略允许模型只在任务专用层上进行优化，而基础的通用语言表示层则保持不变。就像一名在多个领域都有知识的人，他在解决某个问题时，保留大部分通用知识，只调整特定领域内的思维方式。例如，一名医生在学习了广泛的医学知识后，只需要在处理复杂病例时进行专门的思考，而无须重新学习医学基础知识。

（3）Adapter 方法

Adapter 方法是一种更轻量级的微调策略，它通过在预训练模型的基础上增加小型的、任务专用的模块进行微调，而不需要调整整个模型的参数。这些模块被称为“适配器”（Adapters）。适配器是一些小型的神经网络模块，它们可以插入到预训练模型的不同层之间，专门用于任务适应，如图 6-2 所示。

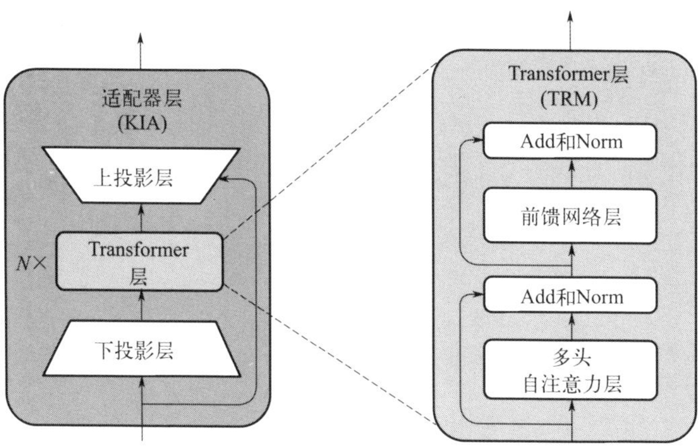

图 6-2　适配器示意图

在 Adapter 方法中，预训练模型的参数保持不变，只对适配器进行微调。这种方法的好处是，它只需更新少量参数，因此非常节省资源。此外，适配器方法允许在不同任务之间共享同一个预训练模型，只需为每个任务增加相应的适配器模块。这使得模型可以灵活应对多个任务，而不需要为每个任务重新训练整个模型。

2. 挑战与优化

尽管微调能够有效地适应特定任务，但它也面临一些挑战。一个主要挑战是过拟合，尤其是在数据集较小时，模型可能会过度拟合于训练数据，而在测试数据上表现不佳。为了解决这一问题，研究人员提出了多种优化方法，包括使用正则化、早停策略以及使用更小的学习率等手段。

此外，随着模型规模的不断增加，微调的计算成本也在上升。因此，轻量级微调技术（如 Adapter 方法）变得越来越重要，它们能够在不增加过多计算成本的情况下，实现模型在特定任务上的性能提升。

微调策略为预训练模型的应用提供了灵活且强大的解决方案。研究人员可以根据任务需求灵活选择合适的微调策略，使得预训练模型能够高效适应各种任务场景。无论是文本分类、问答系统，还是机器翻译任务，微调策略在特定任务上的应用都显著提升了模型的表现，在深度模型中发挥了非常重要的作用。

四、预训练与微调的实际应用

1. 自然语言处理中的预训练与微调

自然语言处理任务通常包括机器翻译、问答系统、文本分类、情感分析等内容。这些任务都有一个共同的需求——模型必须能够理解文本中的上下文、语义和结构。这正是预训练语言模型（如 BERT、GPT 等）能够发挥作用的地方。通过在大规模无标注数据上进行预训练，模型掌握了丰富的语言知识，而通过微调，模型则能够适应具体的NLP任务。

BERT是预训练模型在NLP领域取得成功的典型代表。通过在大规模文本数据上进行预训练，BERT能够捕捉到文本中的复杂上下文关系，而在微调阶段，模型可以根据特定任务的数据进行优化。

例如，在文本分类任务中，BERT可以根据预训练过程中学到的通用语言表示，通过少量的训练数据快速适应任务需求，实现准确的分类。无论是对新闻进行主题分类，还是对社交媒体评论进行情感分析，BERT通过微调都可以在短时间内获取优秀的任务表现。

更为著名的是BERT在问答系统中的应用。以SQuAD（Stanford Question Answering Dataset）为例，这是一项文本问答任务，要求模型根据给定的文本片段回答具体问题。BERT模型通过预训练学习到了广泛的语言知识，能够识别问题和答案之间的语义关系。在微调阶段，BERT能够根据SQuAD的数据进一步优化，最终在该任务中表现出色。通过微调，BERT能够精准地从文本中提取出答案。例如，对于问题"埃菲尔铁塔在哪里？"，BERT会在给定的上下文中找到并提取出"巴黎"作为正确答案。这种精准的问答能力展示了预训练与微调结合的强大之处。

相比于BERT的双向编码策略，GPT采用自回归生成方式，特别适用于生成任务。GPT通过逐词预测的方式生成文本，非常适合用于自然语言生成任务（如对话生成、文本摘要等）。例如，在对话生成任务中，GPT通过在海量对话数据上进行预训练，学会了不同句式和对话语境的生成方式。随后，通过对特定对话任务的微调，GPT可以生成更加连贯且上下文相关的回答。

例如，在智能助手中，GPT通过微调可以生成符合上下文逻辑的自然语言回复。模型不仅能够理解用户问题的含义，还能生成适合场景的回答，这为智能客服、语音助手等应用提供了基础。

除了文本分类和问答系统，预训练与微调还广泛应用于其他NLP任务中，例如情感分析。情感分析任务要求模型能够根据文本内容判断用户的情感倾向（如正面、负面或中性）。通过预训练，模型已经学会了词汇和句子的语义信息，因此在微调阶段，模型只需根据标注的情感数据进行少量训练，即可适应情感分类任务。这种方法不仅提高了模型的准确性，还显著减少了训练时间和数据需求。

此外，机器翻译也是预训练与微调结合的经典应用。在机器翻译任务中，模型需要理解源语言的语法和语义结构，同时生成符合目标语言的翻译文本。通过在大规模的双语数据集上进行预训练，Transformer 模型能够学习两种语言之间的对齐关系，而通过微调，模型可以针对特定语言对进行优化，从而生成准确的翻译结果。

2. 多模态任务中的预训练与微调

随着深度学习技术的发展，模型不再仅仅处理单一模态的数据（如文本或图像），而是可以同时处理多种不同模态的数据。多模态任务要求模型能够从不同类型的数据中提取出有用的信息，并整合这些信息用于决策。例如，图像与文本的联合处理、视频字幕生成等任务都是多模态任务的典型例子。在这些任务中，预训练与微调的结合同样发挥了重要作用。

OpenAI 的 CLIP（Contrastive Language-Image Pretraining）模型是多模态预训练模型的经典代表之一。CLIP 通过在大规模图文数据上进行对比学习，能够将图像和文本进行对齐。这种对比学习的方式让模型能够理解图像中的内容与文本描述之间的对应关系，进而为图像分类、图像描述生成等任务提供基础。

CLIP 的预训练过程依赖于大规模的图文数据集，模型通过学习图像和文本之间的关系，获取到了跨模态的表示。这种表示允许模型理解文本描述的语义，并将其与相应的图像匹配。在微调阶段，CLIP 可以根据具体任务进行优化，例如图像分类、图像描述生成等。通过微调，CLIP 能够从输入的图像中生成符合其内容的文本描述，或者根据文本描述找到匹配的图像。例如，给定一幅风景图片和一段文本描述（如“一座雪山”），CLIP 能够精准地将图片与文本描述进行匹配。

通过微调，模型可以进一步提高其在特定领域（如医学影像分类、产品识别等）中的应用效果。此外，CLIP 还可以通过预训练学习到的图文对齐关系，在没有标注数据的情况下进行零样本分类，这使得它在图像生成和分类任务中展现出巨大的潜力。

除了 CLIP，在其他多模态任务中，预训练与微调的结合也表现出极大的潜力。例如，在视频字幕生成任务中，模型需要同时处理视频中的视觉和音频信息，并生成与之对应的文本描述。通过在大规模视频数据上进行预训练，模型能够学会从视频中提取出关键的视觉和听觉特征，而通过微调，模型可以针对特定类型的视频（如体育、新闻、电影）生成精确的字幕。

在自动驾驶等领域，多模态预训练模型同样可以用于处理来自不同传感器的数据。通过在大规模多模态数据集上进行预训练，模型能够理解来自摄像头、激光雷达和 GPS 等不同模态的信息，在微调阶段，模型可以根据具体的驾驶任务进行进一步的优化，从而提高安全性和准确性。

预训练与微调已经在自然语言处理和多模态任务中展现了巨大的潜力。通过在大规模无标签数据上进行预训练，模型能够获取到丰富的语言和跨模态表示，而通过微调，模型可以根据具体任务进行进一步优化，从而实现高效的任务适应能力。无论是 BERT 在问答系统中的应用，还是 CLIP 在图像分类中的表现，预训练与微调的结合使得 Transformer 模型在不同的任务中展现出卓越的表现。

五、模型效率的优化

1. 模型压缩与加速

预训练模型通常包含数十亿甚至数百亿的参数。这种大规模模型虽然在任务表现上较为优秀，但其巨大的体积和高昂的计算资源需求，极大限制了它们在现实场景中的部署。尤其是当需要在边缘设备（如手机）或低资源环境中使用时，直接应用这些模型变得几乎不可能。因此，研究者们开发了多种模型压缩与加速技术，旨在减少模型的体积和计算量，同时保持其在任务中的良好表现。

（1）知识蒸馏

知识蒸馏（Knowledge Distillation）是一种常用的模型压缩技术，核心思想是利用一个大规模的预训练模型（称为教师模型，Teacher Model）来训练一个较小的模型（称为学生模型，Student Model），如图 6-3 所示。教师模型通过在大规模数据上进行预训练，掌握了丰富的知识，而学生模型则通过模仿教师模型的行为学习这些知识，进而能够在较小的参数规模下保持类似的任务表现。

在知识蒸馏的过程中，学生模型不仅通过任务数据的真实标签进行学习，还会根据教师模型的输出预测值进行学习。这些预测值（通常称为软标签）包含了更多的分类信息，例如每个类别的概率分布，这种信息可以帮助学生模型更好地学习到教师模型掌握的特征。知识蒸馏的优势在于，它可以通过训练较小的模型显著减少计算资源，同时在保持模型性能方面表现良好。

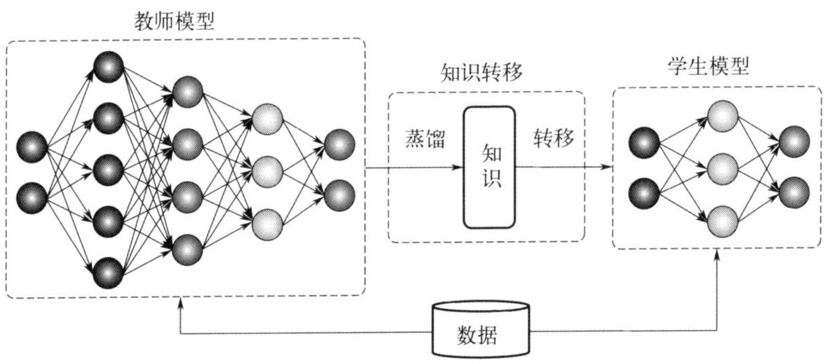

图 6-3　知识蒸馏流程图

在预训练语言模型的领域，知识蒸馏已被广泛应用。例如，在 BERT 模型的蒸馏过程中，学生模型可以大大减少参数数量，同时在文本分类、问答等任务上接近教师模型的性能。DistilBERT 便是 BERT 的一个蒸馏版本，它通过减小模型的层数和参数数量，在保持性能的同时，降低了模型的计算成本和部署难度。

（2）剪枝技术

剪枝（Pruning）是一种通过移除模型中冗余参数来减少模型体积的技术。在训练结束后，模型中的某些权重值对最终输出的贡献很小，这些权重可以被移除，而不会显著影响模型的性能。通过剪枝，模型可以减少计算复杂度，从而加速推理过程。

剪枝技术通常可以分为两类：结构化剪枝和非结构化剪枝。非结构化剪枝是在模型的权重矩阵中移除个别不重要的权重值；而结构化剪枝则是移除整个卷积核或神经元。虽然非结构化剪枝可以更精细地控制模型的压缩程度，但结构化剪枝在实际应用中更易于优化，因为它保持了模型的整体结构，适合硬件加速。

在 Transformer 模型中，剪枝技术可以用于减少自注意力机制中的冗余连接。例如，在机器翻译任务中，研究者发现模型中某些注意力头的贡献较小，通过移除这些头部的连接，模型可以实现较好的压缩效果，并在保持翻译质量的同时大幅减少计算量。

（3）量化技术

量化（Quantization）是一种通过减少模型参数精度来降低模型体积和计算需求的技术。在神经网络中，模型的权重和激活通常以 32 位浮点数表示，但在量化技术中，这些数值可以被转化为较低精度的表示（如 16 位、8 位甚至 4 位）。通过这种方式，模型的存储需求和计算成本都得到了显著减少。

量化的一个关键问题在于，如何在降低精度的同时保持模型的性能。对于一些任务，量化模型可能会在精度下降时产生较大的性能损失。为此，研究者们提出了混合精度量化（Mixed Precision Quantization）等技术，允许模型中的某些关键层保持较高精度，而其他层则使用较低的精度进行计算，从而在性能和效率之间取得平衡。

GPT-3 等大规模语言模型通过混合精度训练技术，大幅减少了训练时间和计算资源。在推理阶段，量化技术也被广泛应用于边缘设备中，使得这些复杂的模型能够在计算资源有限的硬件上高效运行。

2. 预训练策略的优化

除了模型压缩与加速技术，优化预训练策略也是提升模型效率的关键方向之一。在实际应用中，通过调整预训练任务或引入额外的自监督学习任务，研究者们可以增强模型的语言表示能力，从而使模型在后续微调时表现得更加灵活和高效。

（1）多任务学习

多任务学习是一种通过同时训练模型执行多个任务的方式，来增强模型的通用性和任务适应能力。在预训练阶段引入多任务学习，可以使模型不仅掌握单一的语言模式，还能够学习到不同任务之间的共同特征，从而在微调时表现得更加灵活。

例如，在 GPT-3 的预训练过程中，模型被要求同时完成多个任务，如文本生成、句子排序、文本理解等。通过这种方式，GPT-3 能够在多个任务中展现出强大的能力，无须针对每个任务进行大量的微调。多任务学习不仅提高了模型的通用性，还使得模型在处理不同类型的数据和任务时更加高效。

（2）自监督任务的引入

在预训练过程中，除了传统的语言建模任务，研究者还可以引入更多的自监督学习任务来丰富模型的表示能力。例如，句子排序、段落生成等任务可以让模型学习到更复杂的语义结构和文本关系，从而提升其对上下文信息的理解。这种方法使得模型不仅能够处理单个句子中的信息，还能够捕捉跨句子、跨段落的依赖关系。

通过丰富预训练阶段的任务设置，模型在微调时能够更加高效地适应各种不同的任务需求。自监督任务的引入类似于让模型进行更全面的“训练”，掌握多种语言处理技巧，最终在微调时表现出更为广泛的适应性。

例如，在 BERT 的预训练中，除了遮蔽语言建模任务（MLM），研究者还引入了下一句预测任务，这使得 BERT 能够更好地理解句子之间的上下文关系，如图 6-4 所示。在机器翻译任务中，这种跨句子信息的掌握极大地提高了模型的翻译能力。

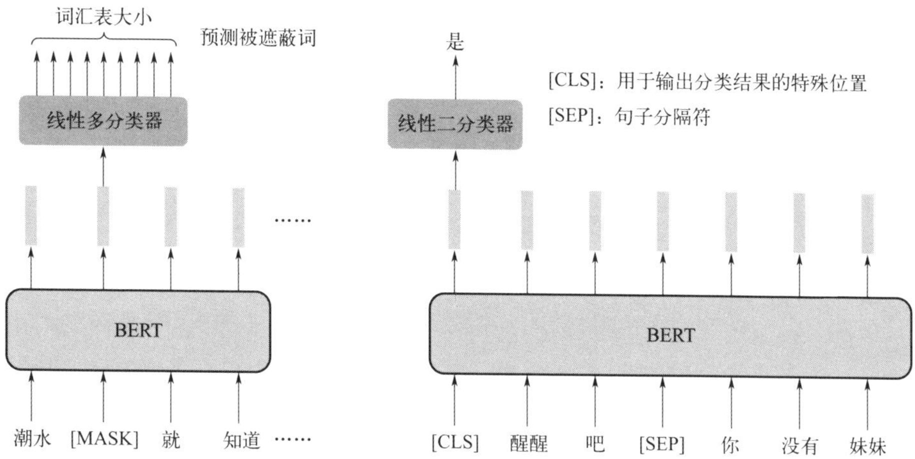

图 6-4 BERT 预训练方式

六、未来展望

随着大规模预训练模型在 NLP 领域取得了广泛的突破，研究者们也意识到现有的预训练和微调技术虽然功能强大，但面临着高昂的计算成本、资源需求和在多任务间的灵活性不足等挑战。因此，未来的研究方向将着重于更高效的预训练方法与更灵活的微调策略。这不仅有助于降低资源消耗，还能够让预训练和微调模型更加智能化，适应更多的应用场景和任务需求。

1. 更高效的预训练

（1）减少预训练的计算开销

当前的预训练模型，如 BERT、GPT-3 等，依赖于庞大的计算资源和数据来训练。这些模型的训练过程需要成千上万的GPU小时，甚至是TPU（Tensor Processing Units）小时，才能在大规模语料库上完成有效的预训练。然而，未来的研究重点将是如何减少预训练的计算开销，以便在更少的资源下实现同等甚至更好的模型性能。

一种发展方向是通过设计更高效的模型架构。例如，近年来提出的轻量化Transformer变种，如Linformer和Reformer，通过优化注意力机制的计算复杂度，显著减少了模型的资源需求。这些模型在保持较好性能的同时，降低了计算成本，为大规模预训练提供了更为高效的替代方案。

同时，研究人员还在探索更有效的训练算法。例如，通过减少训练过程中无关参数的学习，或者引入动态的学习率调整机制，可以加速模型的收敛，进而减少训练时间。剪枝和量化技术的结合，也可以帮助大幅减少参数量并提高推理速度，而这些技术已经被证明在不明显降低性能的前提下，能够大大提高模型的计算效率。

（2）在低资源条件下进行有效的预训练

另一个重要的发展方向是在低资源条件下进行有效的预训练，特别是在数据稀缺的语言或领域中。当前的大型预训练模型大多依赖于丰富的英文语料库，而对于低资源语言（如少数民族语言）或特定领域（如医学、法律等），数据往往有限。因此，如何在数据稀缺的条件下进行有效的预训练，成为了未来的重要研究方向。

一种解决方案是迁移学习。在迁移学习中，模型首先在通用语料库上进行预训练，然后通过在少量领域数据上进行微调，适应特定的任务。少样本学习和零样本学习是这一领域中的重要研究方向。少样本学习允许模型通过少量的标注数据进行微调，从而迅速适应新任务；而零样本学习则让模型能够在没有标注数据的情况下完成新任务，依赖的是模型在预训练中学到的广泛知识。

对于低资源语言的预训练，研究者可能会依赖跨语言预训练模型，如mBERT（多语言BERT）和XLM-R（跨语言模型）。这些模型通过多语言数据的预训练，能够捕捉不同语言间的共性，并在低资源语言上展现出良好的迁移能力。未来，研究者可能会进一步优化这些模型，通过更高效的预训练策略和跨语言共享机制，使得它们能够在数据匮乏的条件下发挥更大作用。

2. 更灵活的微调

（1）智能化的微调策略

当前的微调过程通常需要人工干预，研究者需要根据任务的复杂性、数据的规模和模型的特点手动选择微调参数。而未来的发展趋势将是更灵活、智能化的微调策略。研究者们将致力于开发能够自动选择最佳微调策略的系统，或者通过元学习（Meta-learning）让模型自主学习如何微调，从而减少人为干预，提升微调效率。

元学习的目标是让模型学会如何学习，具体来说，就是通过在多个任务上进行训练，模型能够掌握适用于所有任务的微调策略。当遇到新任务时，模型可以根据已经掌握的微调经验，自主调整参数，以最快的速度实现最佳性能。未来，元学习可能会帮助深度学习模型实现更智能的微调策略，使得模型能够在面对多种不同任务时，不再需要人为调整。

同时，自动化微调技术，如 AutoML（自动机器学习），也在快速发展。这类技术旨在实现模型选择、超参数调整以及模型架构优化的自动化。在未来，研究者可能会开发出完全自主化的系统，能够根据不同的任务和数据类型自动选择最优的微调策略，从而显著提高模型的灵活性和适应性。

例如，一个智能化的微调系统可以通过分析任务的特征，自动选择是使用全模型微调、冻结部分层还是 Adapter 方法。对于不同的任务，系统能够自动生成最优的微调配置，使得模型可以以最小的计算资源和时间消耗获得最优性能。

（2）少样本和无样本的微调技术

随着预训练模型的规模和能力不断提升，未来的微调策略将更加注重少样本微调和无样本微调的能力。这意味着，模型能够在几乎没有标注数据的情况下，通过少量或零样本的微调，迅速适应新的任务。这种微调方式特别适用于标注数据稀缺的场景，例如在医学影像分类中，标注数据的获取非常昂贵和困难。

通过少样本微调，模型可以在接触极少量的任务数据时，结合其在预训练中获得的广泛知识，实现高效的任务适应。这依赖于模型在预训练时学到的广泛且通用的特征。元学习和少样本学习的结合，能够进一步提高模型在极少数据下的任务表现。

无样本微调是另一种重要的研究方向，依赖于模型的通用性和跨领域迁移能力。在没有标注数据的情况下，模型可以通过已知任务或领域的数据来推断和解决新任务。这类技术在语言翻译、文本生成等任务中展现了巨大的潜力，尤其是在面对未见过的语言或任务时，能够凭借已有知识进行“零样本”推理。

例如，GPT-3 已经展示了出色的少样本和无样本学习能力，通过简单的任务描述或极少的示例，能够生成合理的文本内容。未来的模型将进一步优化这一能力，真正实现从“零”到“全能”的微调适应。

未来的预训练和微调策略将继续朝着更高效、更智能的方向发展。研究者们不仅会通过设计更高效的模型架构和训练算法来减少预训练的计算开销，还会探索在低资源条件下的高效预训练方法，尤其是在少样本、无样本的环境中优化预训练与微调的性能。同时，随着智能化技术的发展，未来的微调策略将变得更加自动化和灵活，通过元学习、自动化微调系统等新兴技术，使得模型在面对不同任务时能够自主选择最佳的微调方案。这些发展方向不仅能够提升模型的任务适应能力，还将极大降低模型的训练成本和部署难度，使得深度学习模型可以更广泛地应用于各类场景。

持续不断的技术进步将为预训练和微调技术带来更多的创新，推动 Transformer 模型及其衍生架构在未来更为广泛的应用。

第七章　Transformer 的变体

一、为何需要 Transformer 的变体

二、BERT 模型

三、GPT 模型

四、T5 模型

五、其他重要变体：RoBERTa、ALBERT、XLNet

一、为何需要 Transformer 的变体

在前面几章的学习中，我们了解到自从 Transformer 架构在 2017 年由 Vaswani 等人提出后，它很快取代了循环神经网络和长短时记忆网络，成为自然语言处理领域中的主流。然而，随着模型规模的扩大和任务的复杂化，研究人员发现，原始的 Transformer 架构并不能完美适应所有任务，尤其是在特定任务上存在局限性。这为变体模型的提出铺平了道路。BERT、GPT、T5 等变体模型通过改进原始架构，优化了特定任务的表现，并推动了 Transformer 模型在 NLP 及其他领域中的应用和发展。在上文中我们已经初步认识了一些变体模型，接下来我们将系统学习它们的必要性和优势。

原始 Transformer 架构之所以能够被迅速广泛采用，主要得益于其自注意力机制和完全并行化的计算方式。相比 RNN 或 LSTM，Transformer 可以更高效地处理长距离依赖问题，并能在大型数据集上进行并行训练。这使得 Transformer 在机器翻译、语言建模等任务中取得了显著成功。

然而，尽管 Transformer 架构在解决并行计算问题上表现出色，它仍然存在一些重要的局限性。例如，在处理语言理解和生成任务时，原始 Transformer 架构并没有根据任务特点进行针对性优化。原始的自注意力机制虽然能够处理长序列依赖，但在处理诸如语言理解和文本生成任务时，模型的表现仍然有较大提升空间。特别是由于 Transformer 的自注意力机制是基于位置编码而非真正的顺序依赖，它在捕捉复杂上下文语义时，往往表现出一定的局限性。

为了更好地理解这一点，想象我们正在读一本书。如果我们只能按固定的规则逐字阅读，而无法根据前后文灵活调整对单词和句子的理解，那么对内容的全面掌握就会变得困难。类似地，Transformer 模型在处理语言时也面临着这种挑战，需要更灵活的架构来提高对语言的理解和生成能力。

由于不同的 NLP 任务有着各自独特的需求，研究者们意识到单一的 Transformer 架构难以应对所有任务。例如，语言理解任务（如文本分类、情感分析）需要模型准确捕捉上下文中的细微语义关系，而语言生成任务（如对话生成、机器翻译）则要求模型生成流畅且连贯的文本。因此，针对不同任务需求的模型架构应运而生。

BERT 的成功源于它为语言理解任务设计了双向编码的注意力机制，使模型能够同时利用前后文信息。这种设计有效解决了原始 Transformer 在处理语言理解任务时，因单向处理而导致的上下文捕捉不足的问题。相比之下，GPT 则采用了自回归生成模型，通过单向的语言生成机制，在逐词生成的过程中为语言生成任务提供了更好的表现。T5 模型更进一步，它提出了将所有的自然语言处理任务统一为文本到文本的生成任务框架。这种创新设计让 T5 在机器翻译、问答和文本摘要等任务中都表现得非常灵活。

举例来说，BERT 更像是一个语言理解专家，它擅长从大段文本中提取精细的语义信息；而 GPT 则像一个创作者，擅长根据已有的上下文生成连贯的段落和对话内容。T5 则类似一个全能型工具，它能够通过文本生成的方式处理各类任务，从而极大地提高了任务的统一性。

通过分析这些模型，我们可以看出，不同变体模型的架构设计充分反映了它们对于特定任务的优化需求。这些架构创新不仅提升了模型的性能，还拓宽了 Transformer 在实际应用中的领域。今天，Transformer 及其变体模型不仅广泛应用于自然语言处理领域，还逐渐扩展到图像处理、语音识别等多模态任务中。

每一个变体模型的出现，都解决了原始 Transformer 模型的某些局限性，同时为特定任务提供了更高效、更强大的工具。因此，变体模型的发展过程，实质上是 Transformer 架构不断适应不同任务需求、不断优化和创新的过程。

总而言之，BERT、GPT、T5 等模型并非简单的架构扩展，而是针对特定任务的深入优化设计。它们各自的设计理念不仅解决了原始 Transformer 在特定任务中的局限性，还推动了预训练与微调策略的进一步发展。接下来，我们将详细探讨这些变体模型的结构和实际应用，分析它们在自然语言处理中的表现和成功之处。

二、BERT 模型

1. BERT 模型的创新点

BERT 的出现是对 Transformer 架构的一次重大突破，它的核心创新点在于双向注意力机制。在传统的语言模型中，文本的处理通常是单向的，即从左到右或从右到左。举个简单的例子，在句子“猫抓老鼠”中，单向模型只能从“猫”开始，依次分析后续的词，而不能同时看到后文。这样一来，模型对整个句子的理解可能会有局限性，因为它无法完全捕捉到前后文之间的复杂语义关系。

然而，语言的自然表达是具有上下文依赖性的。换句话说，我们往往需要结合前后文来理解某个词或短语的具体含义。例如，在句子“她昨天在公园遇到了一只狗”中，只有结合后面的“狗”这个词，才能更好地理解“遇到”这个动词的语义。因此，双向上下文对于更准确地理解语言至关重要。BERT 通过引入双向注意力机制，打破了传统语言模型的局限，使得模型在分析每个词时能够同时看到前后的所有信息，从而极大地提升了语言理解的效果。

BERT 的架构是基于 Transformer 编码器的堆叠层，每一层都通过多头自注意力机制同时处理输入的上下文信息。通过这种方式，BERT 能够在每个时间步综合利用句子中其他所有词的信息，从而生成更加准确的词嵌入（Word Embeddings）。这一设计使得 BERT 在文本理解任务上显得尤为强大。

2. BERT 的预训练任务与应用场景

BERT 的另一个重要创新在于它的预训练任务。在前面我们提到，BERT 主要采用两种预训练任务：遮蔽语言模型（MLM）和下一句预测（NSP）。这些任务的设计让 BERT 能够有效捕捉到文本中的深层语义结构。

在 MLM 任务中，BERT 会随机遮蔽输入文本中的某些词语，并要求模型根据上下文来预测这些被遮蔽的词。例如，在句子“狗在公园[MASK]”中，模型需要推断出被遮蔽的词是“玩耍”。这种训练方式让模型能够同时理解前文和后文的语义，从而更好地捕捉复杂的语言结构。

除了预测单个词，BERT 还通过 NSP 任务进行训练。该任务要求模型判断两段句子是否有连续关系。例如，给定“她去了商场”和“她买了一件衣服”，模型需要判断这两句话是否相关。这一任务增强了模型理解跨句子语义关系的能力，使得 BERT 在处理长文本时表现出色。

BERT 在各类自然语言处理任务中都表现出色，尤其是在语言理解任务上。具体而言，BERT 在问答系统、文本分类、情感分析等任务上取得了巨大的成功。SQuAD 问答系统就是一个很好的例子，BERT 能够根据用户问题，从给定文本中准确提取出答案。这种能力依赖于 BERT 强大的上下文理解能力，使得它可以快速定位并识别出与问题相关的关键信息。

3. BERT 设计的局限性与后续改进

虽然 BERT 在语言理解任务上表现极其出色，但它的设计在生成任务中却存在一定的局限性。BERT 的双向编码器虽然可以很好地理解上下文，但它并不是一个生成模型。也就是说，BERT 无法像 GPT 那样根据已有的上下文生成新的文本。这一局限性使得 BERT 不适用于诸如文本生成、对话生成等需要生成能力的任务。

此外，BERT 的预训练时间和计算资源消耗也是一个显著问题。由于 BERT 需要大量计算资源进行预训练，训练成本较高。这在一定程度上限制了它在资源有限的环境中的应用。为了解决这些问题，研究者们提出了一些轻量化的变体模型，例如 DistilBERT。DistilBERT 通过知识蒸馏技术，将 BERT 模型的参数减少了一半，同时仍然保留了大部分的性能。这种轻量化模型极大地减少了计算资源的消耗，使得 BERT 的应用场景更加广泛。

另外，针对 BERT 的生成能力不足的问题，研究者们提出了一些改进版本，例如 RoBERTa。RoBERTa 通过调整预训练任务和训练策略，去掉了下一句预测任务，延长了预训练时间，从而使模型在某些理解任务中表现更好。这些变体进一步扩展了 BERT 的应用范围，使其不仅适用于语言理解任务，还能够适应某些更复杂的自然语言处理场景。

4. 实际应用与未来前景

在实际应用中，BERT 及其变体已经被广泛应用于各类 NLP 任务中。例如，Google 将 BERT 整合到搜索引擎中，以提高对用户查询的理解能力。这种应用不仅让搜索引擎能够更准确地理解用户意图，还能够在大量的文档中快速找到最相关的内容。

此外，BERT 在情感分析、机器翻译等领域的应用也证明了它的灵活性和强大性能。在社交媒体的情感分析任务中，BERT 能够根据上下文信息准确识别出用户的情感倾向，无论是正面、负面还是中性。这一能力对于舆情监控、市场分析等应用场景有着重要价值。

未来，BERT 模型的发展方向可能会更加注重高效性和跨领域的迁移学习能力。例如，在低资源语言或领域中，BERT 的预训练和微调策略可以进一步优化，以减少对大量标注数据的依赖。结合少样本学习和多模态学习，BERT 的应用场景将更加广泛。

三、GPT 模型

1. GPT 的模型架构与创新

GPT 的诞生为文本生成任务提供了一个强有力的工具。与 BERT 的双向架构不同，GPT 采用了自回归语言模型，这意味着它根据已知的上下文逐步生成新的文本。具体来说，GPT 会通过依次预测每一个词，来生成接下来的词语，直到完成整个句子。这种生成模式使得 GPT 特别适合需要连贯生成文本的任务。

GPT 的架构源于 Transformer 的编码器部分，但它的重点是单向的自注意力机制，如图 7-1 所示。与 BERT 的双向机制不同，GPT 只利用句子的前文（即从左到右或从右到左的单向文本流）来生成下一个词。这种单向性使得 GPT 更适合生成任务，因为它能够根据前文的信息逐步生成新内容，从而在对话生成、文本续写等任务中展现出色表现。

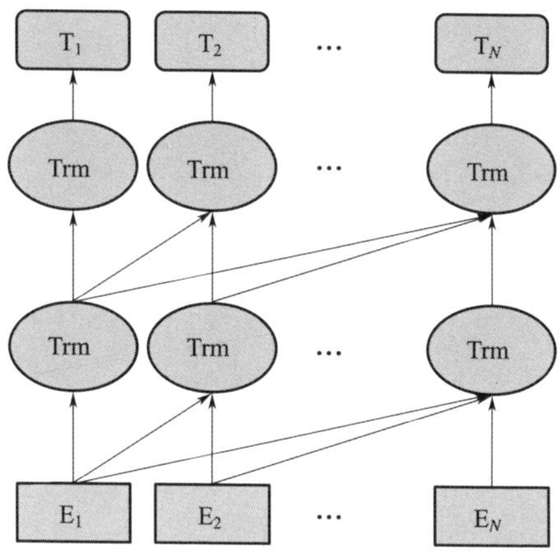

图 7-1　GPT 架构示意图

2. 预训练任务与生成能力

GPT 的预训练任务非常简单但有效——它通过预测下一个词来进行训练，即在大量的文本数据上学习如何根据前文生成下一个合理的词汇。这一任务被称为自回归语言建模（Autoregressive Language Modeling，ALM），它的核心思想是通过递归预测单词的方式，逐步生成整段文本。

例如，给定前文“今天的天气非常”，GPT 会根据上下文生成后续的词汇，可能是“晴朗”或者“阴天”，并且继续生成完整的句子，如“今天的天气非常晴朗，适合出去散步”。通过这种方式，GPT 不仅能够生成单个单词，还能够生成连贯的句子、段落，甚至是完整的文章。

在生成任务中，上下文的连贯性至关重要，而GPT的自回归生成机制恰恰擅长保持这种连贯性。在每一步生成过程中，GPT会将之前生成的所有文本作为上下文信息，用于预测接下来的内容。这种机制让GPT在对话生成、内容创作、文本续写等任务中具备强大的连贯生成能力。

3. GPT在文本生成任务中的应用

GPT的强大生成能力使得它在多个实际应用中展现了巨大的潜力。

GPT被广泛应用于智能对话系统中，能够根据用户的输入生成自然的、连贯的回复。例如，在聊天机器人中，用户输入“今天的天气怎么样？”GPT可以生成“今天的天气非常好，适合出去散步”。这种生成方式让GPT在智能客服、智能助手等应用中表现优异。

GPT还被应用于文本续写任务中，例如根据一段开头继续生成完整的文章。在内容创作中，GPT可以生成新闻文章、故事、诗歌等各种体裁的文本。尤其是在需要大量创意生成的场景中，GPT的表现尤为出色。

举个例子，在内容创作任务中，用户可能输入一个故事开头：“在一个宁静的小镇上，住着一位神秘的老人。”接着，GPT可以生成后续的情节：“每天晚上，他都会独自坐在镇子的中央广场，凝视着天空，似乎在等待什么……”通过这种生成机制，GPT可以为用户提供丰富的内容创作辅助。

除此之外，GPT还被扩展应用于编程领域，例如OpenAI推出的Codex模型，它基于GPT的架构，能够根据自然语言输入生成代码。用户只需输入一个问题或任务描述，GPT就能生成相应的代码。这种技术已经广泛应用于编程辅助工具，如GitHub Copilot，极大地提升了编程效率。

4. GPT的局限性与改进方向

尽管GPT在生成任务中表现出色，但它也有一些局限性。最显著的局限性在于它的单向性，即只能根据前文预测后续的词。这使得 GPT 在某些需要双向上下文理解的任务中表现不如 BERT。例如，在句子分类、情感分析等任务中，GPT 无法同时利用句子的前后信息进行语义推断。

此外，GPT 的生成模式虽然适合生成任务，但生成结果有时会出现逻辑错误或重复。GPT 依赖于统计相关性而非真正的语义理解，它在生成长文本时，可能会重复生成相同的句子或偏离初始上下文，导致生成内容缺乏逻辑一致性。

为了解决这些问题，研究人员推出了 GPT 的更高阶版本，如 GPT-3。GPT-3 通过大规模预训练，增强了模型的上下文理解能力，进一步提升了生成效果。GPT-3 还具有强大的少样本学习能力，即使在没有大量标注数据的情况下，模型也能通过少量示例快速适应新任务。

例如，GPT-3 能够在没有特定领域数据的情况下，生成科学论文、技术文档或广告文案，这为模型的通用性和任务适应性带来了显著提升。然而，GPT-3 的局限仍然存在，如生成的内容有时过于冗长，或者缺乏事实性验证。

5. GPT 的未来发展与潜力

随着 GPT 及其变体的不断演化，目前已经出现 GPT-3.5、GPT-4、GPT4o 等多种模型，未来的发展方向可能包括更高效的模型架构和更智能的生成机制。研究者们可能会进一步优化 GPT 的生成流程，减少生成文本中的冗余和错误信息，同时提升模型对长文本的生成效果。未来，GPT 有望结合更多的跨模态学习能力，生成不仅限于文本的多模态输出。

在生成式任务中，GPT 的潜力已经广泛应用于新闻媒体、写作助手、智能对话系统等领域。随着模型的规模不断增大和训练策略的优化，GPT 有望在更多生成任务中取得突破，推动人工智能生成能力的发展。

四、T5 模型

1. T5 的设计理念与创新

T5 是由 Google 于 2019 年提出的模型，它的设计核心是将所有的 NLP 任务视作文本到文本的转换。这种统一任务框架的创新，使得 T5 能够通过同一个模型架构处理不同的任务，从而避免了为每个任务设计不同模型的复杂性。图 7-2 为 T5 模型的功能。

具体来说，无论是机器翻译、文本分类、摘要生成，还是问答系统，T5 都将其处理为文本生成问题。例如，在文本分类任务中，T5 将输入文本转换为输出标签；在问答系统中，T5 将问题和上下文作为输入，生成答案作为输出。在机器翻译任务中，输入的源语言文本会被转换为目标语言的文本。通过这种通用化的生成架构，T5 显著简化了多任务处理的复杂性，并提升了跨任务迁移学习的效果。

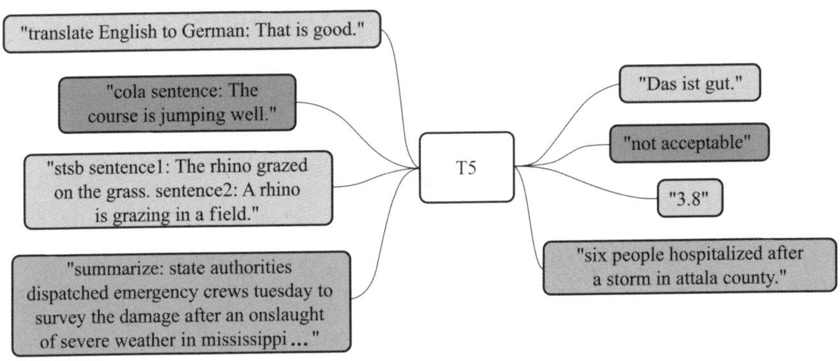

图 7-2 T5 模型的功能

图 7-2 中由上至下分别为机器翻译任务、情感分类任务、文本语义相似度任务以及摘要生成任务。

2. T5 的预训练任务与任务迁移能力

与 BERT 和 GPT 等模型不同，T5 采用了更广泛的预训练任务。T5 的主要预训练任务之一是填空任务（span-corruption），它类似于 BERT 的遮蔽语言模型（MLM），但在操作细节上有所不同。在 T5 的预训练任务中，模型会随机选择句子中的一个或多个连续片段，将其遮蔽，并要求模型预测出这些片段。通过这种方式，T5 不仅能够理解上下文语义，还能学会处理较大范围的语义缺失，提升它在复杂任务中的表现。

此外，T5 的设计使得它能够通过跨任务迁移学习，在处理某一特定任务时受益于在其他任务上的训练。举例来说，T5 在处理机器翻译任务时，能够利用其在文本生成任务上的训练经验，从而生成更加流畅、连贯的翻译结果。同样地，在问答系统中，T5 将问题和上下文作为输入生成直接答案，使其在 SQuAD 等问答任务中表现出色。

T5 的这种多任务学习能力，使得它能够高效适应不同类型的任务，而无须为每个任务设计不同的模型架构。T5 不仅在单一任务上表现优秀，还在多任务环境中表现出强大的迁移能力，能够通过共享的模型架构和参数在不同任务间传递知识。这种能力尤其适用于需要同时处理多个任务的应用场景，如智能助手、内容生成工具等。

3. T5 在多任务学习中的应用

T5 能够根据输入的长篇文本生成简洁的摘要。模型通过将摘要生成任务视为文本到文本的生成问题，有效提取文本中的关键信息，并生成高质量的摘要。例如，在新闻文章摘要生成中，T5 能够自动识别出文章的主旨，并生成简洁而准确的摘要。就像我们读完一篇长文章后，用几句话总结其核心内容，T5 在处理摘要生成任务时，通过同样的过程生成简明扼要的摘要。

T5 在机器翻译任务中也有非常出色的表现。由于 T5 将翻译任务视为一种“源语言到目标语言”的文本转换过程，模型能够通过通用的生成框架在多语言之间生成准确的翻译文本。T5 不仅适用于主流语言的翻译，还能够通过多任务学习快速适应低资源语言的翻译任务。

此外，T5 在问答系统中能够根据输入的问题和相关上下文生成准确的答案。例如，给定问题“谁是美国的第一任总统？”以及相应的文本上下文，T5 能够生成正确的答案“乔治·华盛顿”。相比其他模型，T5 的强大之处在于，它能够同时理解问题和上下文之间的复杂语义关系，并生成符合逻辑的答案。T5 在问答任务中的应用已被证明在诸如 SQuAD 等数据集上达到或超过了人类水平。这种能力使得 T5 广泛应用于智能助手、在线客服等场景。

4. T5 的局限性与未来改进方向

尽管 T5 的统一任务框架为多任务学习带来了巨大便利，但它的架构也有一些局限性。首先，T5 在处理非常长的文本时，依然面临 Transformer 的计算复杂度问题。由于 T5 依赖于自注意力机制，在处理长文本或长序列输入时，模型的计算开销会急剧增加。这限制了 T5 在一些资源受限环境中的应用，特别是需要实时处理大规模文本的场景。

其次，T5 的预训练过程消耗了大量的计算资源和时间，特别是在多任务环境下进行大规模预训练时，计算资源的需求更是成倍增加。因此，如何在保持模型性能的前提下减少计算开销，成为了未来优化的一个重要方向。

尽管 T5 在许多任务上有优异表现，但在生成任务中，模型偶尔也会出现生成冗余或生成文本偏离主题的情况。由于 T5 在训练时依赖于大规模数据的统计模式，在某些场景下，模型生成的文本可能会重复或不够连贯。因此，研究者们提出了进一步优化生成机制的方向，例如通过引入对话记忆或改进生成策略，提升生成文本的连贯性和逻辑一致性。

未来的研究可能会在压缩模型规模和提高生成质量两个方面进行深入探索。例如，轻量级版本的 T5 或通过知识蒸馏技术的变体模型，能够减少模型的计算资源消耗，而不会显著降低性能。随着预训练技术的发展，T5 在低资源数据的任务迁移能力有望得到进一步提升。未来的 T5 版本可能会通过更高效的预训练策略，实现更强的少样本学习能力，使得模型能够在资源有限的场景中依然保持卓越的任务处理能力。

5. 原始 Transformer 与 BERT、GPT、T5 的对比分析

原始 Transformer 架构在 BERT、GPT 和 T5 的演化中得到了进一步的细化和针对性增强。每个模型都根据特定应用场景对 Transformer 结构进行了优化。从表 7-1 中可以更加清晰地看到四者之间的差异。

表 7-1 原始 Transformer 与 BERT、GPT、T5 的对比

特性	原始 Transformer	BERT	GPT	T5
模型类型	编码器 - 解码器	仅编码器	仅解码器	编码器 - 解码器
设计目标	机器翻译	语言理解	语言生成	语言理解与生成，统一 NLP 任务
预训练任务	—	遮蔽语言模型和下一句预测	自回归语言模型	文本转换任务
输入输出模式	输入：源语言句子。输出：目标语言句子	输入：遮蔽的文本句子	输入：上下文文本。输出：目标文本	输入：源文本。输出：目标文本
自注意力机制	编码器和解码器都使用自注意力，交叉注意力用于连接	双向自注意力	单向自注意力	编码器使用双向自注意力，解码器使用单向自注意力
预训练数据集	平行语料	维基百科，BookCorpus	维基百科，BookCorpus	多种 NLP 数据集
应用场景	机器翻译	文本分类、命名实体识别、问答	文本生成、故事创作、对话系统	机器翻译、文本摘要、问答、填空等多任务
微调方式	任务特定的微调	任务特定的微调	任务特定的微调	统一为文本转换方式进行微调
模型变种	标准 Transformer 模型及其变种	BERT、RoBERTa、ALBERT 等	GPT-2、GPT-3、GPT-4	T5-base、T5-large、mT5 等
文本理解能力	较弱	强	较弱	强
文本生成能力	较弱	较弱	强	强

五、其他重要变体：RoBERTa、ALBERT、XLNet

除了上述三种变体模型，还有几种重要的 Transformer 变体，这些模型是在 BERT、GPT 等模型基础上做出的进一步改进，以优化计算效率、模型参数的规模以及任务适应性。这些模型各自引入了不同的创新和改进机制，进一步扩展了 Transformer 架构的应用领域，并解决了部分 BERT 和 GPT 模型中的局限性。

1. RoBERTa 模型

RoBERTa（A Robustly Optimized BERT Pretraining Approach）是对 BERT 模型的优化版本。它通过对 BERT 的预训练过程进行调整和优化，显著提升了模型的性能，尤其是在语言理解任务中的表现。

RoBERTa 的创新之处在于预训练策略的优化。BERT 的预训练任务包括遮蔽语言模型和下一句预测两类，然而 RoBERTa 的研究表明，下一句预测任务对模型性能的提升并不显著，反而在某些情况下会限制模型的能力。因此，RoBERTa 取消了这一任务，仅保留了遮蔽语言模型任务，并通过增加预训练数据集的规模和训练时间，显著增强模型的表现力。

此外，RoBERTa 在预训练时采用了更大的规模和更长的训练时间，这使得模型能够更好地学习语言的复杂模式。与 BERT 相比，RoBERTa 的训练数据集规模也大幅增加，这为模型的预训练提供了更多的多样化语言输入，从而增强了其在不同任务中的泛化能力。

实际应用中，RoBERTa 在许多语言理解任务上取得了卓越的成绩，尤其是在问答系统和文本分类任务中表现出色。在 SQuAD 问答数据集上，RoBERTa 超越了 BERT 的表现，成为许多 NLP 任务中的领先模型。

RoBERTa 的预训练过程就像长时间的深度学习，类似于一名学生通过更多的练习和阅读材料来增加知识储备，从而在考试中取得更好的成绩。RoBERTa 通过更大规模的数据和更长的预训练时间，获得了更强的语言理解能力。

2. ALBERT 模型

ALBERT（A Lite BERT）是对 BERT 的进一步优化，它通过引入参数共享机制和矩阵分解技术，显著减少了模型的参数量，从而提升了模型的效率。BERT 虽然在任务上表现优秀，但其巨大的参数规模导致了高昂的计算成本，特别是在处理大规模数据时，BERT 的计算资源需求非常高。

ALBERT 的创新点在于参数共享机制。在 BERT 的多层编码器结构中，每一层的参数都是独立的，而 ALBERT 通过在所有层之间共享参数，大幅减少了模型的参数数量。具体来说，ALBERT 在自注意力机制中的投影矩阵和前馈网络中的权重共享，使得模型可以在减少参数量的同时保持较高的性能。

此外，ALBERT 还引入了矩阵分解技术，将原始 BERT 模型中的大型嵌入矩阵分解为两个较小的矩阵，从而进一步降低了模型的计算复杂度。这种设计使得 ALBERT 在保持 BERT 优越性能的同时，显著提高了模型的训练速度和推理效率。

ALBERT 在处理计算资源有限的任务中表现得较为出色，尤其适用于实时应用场景或设备资源受限的环境中。例如，在移动设备上部署语言模型时，ALBERT 的轻量化设计使其成为了一个理想的选择。

3. XLNet 模型

XLNet 是另一个基于 Transformer 架构的变体，它结合了自回归模型和自编码器模型的优点，称为双向自回归模型。XLNet 的设计旨在解决 BERT 的双向编码器架构中的某些局限性，并增强模型的上下文理解能力。

BERT 通过遮蔽语言模型任务进行预训练，这意味着模型在训练时会随机遮蔽部分词语，并通过上下文预测这些被遮蔽的词。然而，BERT 的这种预训练方式可能会导致训练数据之间的依赖性丧失，因为模型无法直接看到完整的上下文。而 XLNet 通过引入排列语言建模解决了这个问题。

XLNet 能够通过对句子中的词序进行不同排列，生成多种不同的词序排列组合，从而增强模型对上下文的理解能力。这种排列语言建模方式使得 XLNet 能够捕捉到句子中所有可能的词序组合，从而提升模型的上下文语义建模能力。就像在阅读一本书时，通过不同的阅读顺序重新组织章节，来理解故事的不同层次。

相比 BERT 的双向编码器架构，XLNet 通过结合自回归模型的优势，使得模型在处理长距离依赖和上下文建模时表现更加出色。特别是在需要处理复杂上下文关系的任务中，XLNet 的表现优于 BERT。

4. RoBERTa、ALBERT 与 XLNet 的对比

这三种模型各自代表了 Transformer 架构在不同方向上的创新和优化，它们通过各自的设计解决了 BERT 和 GPT 模型中的不同局限性。RoBERTa、ALBERT 与 XLNet 的对比见表 7-2。

表 7-2　RoBERTa、ALBERT 与 XLNet 的对比

模型	架构特点	预训练任务	应用场景
RoBERTa	基于 BERT 架构，但优化了预训练流程； 增加了预训练数据和训练时间，使用更大的训练数据量	仅采用遮蔽语言模型任务，移除了下一句预测任务	适用于多种自然语言理解任务，如问答系统、文本分类等； 在大规模数据上的任务，如情感分析
ALBERT	在 Transformer 的各层中共享权重，大大减少了参数量； 引入了矩阵分解，减少了嵌入矩阵的规模	类似于 BERT，使用遮蔽语言模型任务，同时仍保留下一句预测任务	轻量化模型，适用于计算资源有限的环境，如移动设备或在线推理服务

续表

模型	架构特点	预训练任务	应用场景
XLNet	双向自回归模型，结合了自回归和自编码器的优点； 引入排列语言建模，能够处理任意顺序的词语组合	使用排列语言建模，可以对词语进行多种排列顺序，增强上下文依赖的建模能力	更适合处理长距离依赖任务，如机器翻译、文本生成、问答系统等

通过对 RoBERTa、ALBERT、XLNet 等模型的分析，我们可以看到这些变体在 Transformer 架构的基础上做出了不同的创新。它们通过优化预训练策略、减少参数规模和增强上下文建模能力，解决了 BERT 和 GPT 模型中的一些局限性，并在不同任务中展现了卓越的表现。

第八章　模型优化与训练技巧

一、Transformer 模型的训练挑战

二、参数初始化

三、学习率调度与优化器选择

四、正则化策略

五、梯度裁剪

六、混合精度训练与分布式训练

七、数据处理与数据增强

一、Transformer 模型的训练挑战

在深入讨论 Transformer 模型的训练技巧之前，我们需要先了解训练这种复杂神经网络架构时面临的挑战。训练 Transformer 模型并不像传统的神经网络那么简单，随着模型规模和数据量的增加，它带来的计算开销和训练不稳定性变得愈发显著。

想象一下你正在烘焙一块蛋糕，原料、烤箱温度和时间设置都非常重要。如果蛋糕在烘焙过程中温度太低，它可能永远不会完全膨胀；温度过高，则可能会导致表面焦糊而内部未熟。同样，在训练 Transformer 模型时，参数初始化、学习率设置、梯度计算等就像蛋糕烘焙中的温度和时间。若处理不当，就会导致模型性能低下，甚至无法正常收敛。

在前面几章的学习中，我们已经了解到在 Transformer 的训练过程中有如下几个典型的难点：

1. 梯度消失和梯度爆炸

这种现象尤其容易发生在深度模型中。当梯度逐层传播时，可能会逐渐变得非常小（导致梯度消失）或非常大（导致梯度爆炸），最终使得模型无法正常学习。

2. 训练不稳定性

即便在前期模型的损失值降低得很快，但随着训练深入，模型可能会突然发散，出现性能急剧下降的情况。这种不稳定性通常与学习率调度策略和梯度更新方式相关。

3. 计算资源与时间开销

Transformer 模型依赖多层堆叠的注意力机制和前馈网络，这些操作

虽然能够捕捉文本中复杂的长距离依赖关系，但却非常消耗计算资源。在处理大型数据集时，内存和计算速度成为了瓶颈。

为了帮助读者更好地理解这些挑战，我们可以想象一下：假设一名学生正在学习如何解决复杂的数学问题，每一层神经网络就像是他在学习过程中的一个思维步骤，梯度就像是他每次思维步骤之后的自我总结。如果每次总结的内容过于微弱（梯度消失），他就无法记住每次的学习成果；如果每次总结内容过于庞杂（梯度爆炸），他的思维过程就会变得混乱不堪。这种情况下，他要么无法进步，要么在学习过程中突然卡壳。同样，Transformer 模型的训练也会因为梯度传递问题而变得异常艰难。

为了克服这些问题，研究者们在模型训练的各个环节引入了各种优化技巧和策略。本章将从参数初始化、学习率调度、正则化策略、梯度裁剪，以及硬件优化等角度，逐一讲解如何高效训练 Transformer 模型。

二、参数初始化

当我们建造一座摩天大楼时，地基的牢固性决定了整个建筑的高度与稳定性。同样，参数初始化就像神经网络的“地基”，它决定了模型训练是否能够顺利开始。一个不良的参数初始化可能导致模型无法学习到有效的特征，甚至陷入梯度消失或梯度爆炸的问题之中。

Transformer 模型中使用了多层的注意力机制和前馈神经网络，每层网络中的参数初始值对训练稳定性影响重大。最初的 Transformer 模型中使用了标准的 Xavier 初始化，这种初始化方式能够在较浅的网络中有效地分配梯度。然而，随着模型深度的增加，特别是在多层自注意力机制中，标准的初始化方式很容易导致梯度在前后层之间消失或急剧放大。

为了解释这种现象，我们可以用水流的比喻来描述。假设每一层神经网络是一个管道，参数初始化就是每个管道的阀门设置。若阀门太紧，水流（梯度）逐渐减少，到了后面的层时几乎不再流动——这就是梯度消失；而如果阀门太松，前几层的水流迅速增加，后面的层被洪水淹没——这就是梯度爆炸。因此，在初始化时，我们需要一个“合适的阀门设置”来让梯度能够均匀地流动。

1. LayerNorm 初始化的改进方案

针对这一问题，研究者提出了LayerNorm 初始化（Layer Normalization Initialization）方法。LayerNorm 的目标是在每一层中规范化每个神经元的激活值，从而确保在前向传播和反向传播时梯度能够保持在一个合理的范围内。简单地说，LayerNorm 通过在每层网络中标准化每个节点的输入来保持梯度稳定。

与 Xavier、He 等初始化策略在深度 Transformer 模型中的表现相比，我们可以得知 LayerNorm 初始化能够显著减少梯度爆炸和梯度消失现象。这一策略尤其在处理长序列文本时效果显著。

2. 初始化方式对收敛速度的影响

一个好的初始化方式不仅能够确保梯度的稳定传播，还能够提升模型的收敛速度。若一个学生在学习新知识时，他的大脑神经元之间的连接（模型参数）已经有了一定的基础（即合理初始化），他就能更快地理解新概念（更快收敛）。反之，如果他的神经元之间的连接完全随机，那么他需要花费更多时间来调整这些“连接”，以达到对新概念的理解（即训练时间更长）。

在实际应用中，研究者们还提出了动态参数初始化（Dynamic Weight Initialization）策略。该策略在训练初期采用较小的参数初始值，随着模型训练的推进，逐渐放大参数值。这种方法类似于我们在实际生活中学习一项新技能时，先通过简单练习建立基本认知（参数初始值较小），再逐渐加大练习难度（参数值增大）。

三、学习率调度与优化器选择

参数初始化相当于为Transformer模型的“房子”打下了稳固的基础，接下来就需要考虑如何让这座房子“平地起高楼”。在深度学习中，这种拔高的关键控制因素之一就是学习率的选择与调整。

学习率（Learning Rate）是控制模型训练速度的核心超参数，它决定了每次参数更新的步伐大小。选择合适的学习率相当于找到模型最优的学习节奏，而不合适的学习率则可能导致模型训练陷入困境甚至发散。你可以想象你是一名新手驾驶员，正在崎岖的山路上开车。如果油门（学习率）踩得太大，汽车会失控；踩得太小，又会拖慢前进的速度。这种对学习率的调节就像驾驶技术一样，需要结合道路（模型复杂度）和速度（训练步数）来灵活调控。

1. 经典学习率调度策略——Warmup + Decay

在传统的神经网络中，使用固定的学习率往往能够获得较好的收敛效果。但是对于Transformer模型来说，研究者们发现使用简单的固定学习率很容易导致模型前期训练不稳定，甚至出现梯度振荡。为了解决这一问题，Transformer模型引入了一种特殊的学习率调度策略：学习率热身（Warmup）与衰减（Decay）结合的机制。

该策略的核心思想非常直观——一开始用较小的学习率（相当于轻踩油门），逐步将学习率提高到一个峰值（即热身阶段），然后再逐渐减小学习率（即衰减阶段）。该策略帮助模型在初期快速找到学习方向，并在后期更加平稳地收敛。

我们还可以用一个打篮球的比喻来描述这一策略。假设你是一名新手球员，刚开始训练时，教练不会让你立刻进入高强度对抗赛（即使用很大的学习率），而是从慢速的基本运球和投篮练习（即热身阶段）开始，逐步加快训练节奏（提高学习率）。当你对比赛节奏逐渐适应后，教练会再降低训练强度（减小学习率），让你在合理的训练强度下不断优化动作。这种“逐渐适应，再逐渐精炼”的方式就类似于学习率的 Warmup + Decay 策略。

具体地，Transformer 模型中使用的学习率调度函数通常定义为公式（8-1）的形式。

$$\text{LearningRate} = \frac{d_{\text{model}}^{-0.5}}{\min(\text{steps}^{-0.5}, \text{steps} \times \text{warmup} - \text{steps}^{-1.5})} \tag{8-1}$$

其中，d_{model} 是模型的隐藏层维度；steps 是当前训练步数；warmup_steps 是热身阶段的步数。这一策略的效果在于，初期步数较少时，学习率随步数线性上升；当达到热身步数时，学习率达到峰值；而后期步数增多后，学习率逐渐随步数平方根下降。这种方式能够有效平衡模型的学习效率与稳定性。学习率调度曲线图如图 8-1 所示。

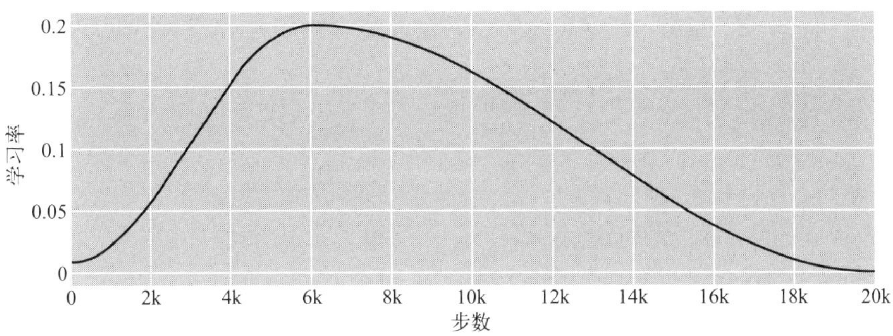

图 8-1　学习率调度曲线图

2. 优化器的选择

有了合适的学习率调度策略，还需要配合一个有效的优化器。优化器就像是一辆汽车的引擎，不同的引擎决定了油门对整体车速的影响，同样，优化器在学习率对模型参数更新的影响中也扮演重要的角色。传统的优化器，如 SGD（随机梯度下降），在深度学习模型中曾经表现优异，但它对于复杂模型的训练效果较差，尤其是面对像 Transformer 这样具有多层非线性特征的模型时，容易陷入局部最优的问题中。

（1）Adam 优化器

对于 Transformer 模型来说，最常用的优化器是 Adam（Adaptive Moment Estimation）。Adam 的核心在于，它在每个参数更新时同时考虑了当前梯度和过去梯度的加权平均，从而能够自适应地调整不同参数的学习率。换句话说，Adam 能够在复杂的山路上自动调节车速，让模型在崎岖的优化路径上更好地前行。然而，Adam 虽然能够提升模型的训练效率，但在大规模模型（如 GPT-3、T5-large）中却存在一定的收敛不稳定性，尤其是当学习率设置不合理时，容易导致训练振荡的情况。

（2）AdamW 优化器

为了解决 Adam 在大型模型训练中的不足，研究者提出了 AdamW（Adam with Weight Decay Regularization）优化器。AdamW 的核心改进在于将权重衰减（Weight Decay）从梯度更新公式中独立出来，使得优化过程更加稳定。在 Adam 中，权重衰减往往会被视作 L2 正则化项，但这种方式在实际训练中容易引入额外的噪声，导致训练振荡。而 AdamW 通过独立的权重衰减项，能够更加平滑地调整模型参数，从而提升收敛速度和稳定性。

我们可以用爬山来比喻这一策略。假设传统的 Adam 就像是一个登山者，在每一步都要考虑如何避开山坡上的障碍物（局部最优解）并找到合适的攀登角度（学习率）。AdamW 就像是为这个登山者增加了一对稳定的支撑杆（独立的权重衰减），使得他在爬陡坡时不会因为步伐过大（梯度更新过快）而失去平衡。

（3）LAMB 优化器

随着模型规模的不断扩大，如 GPT-3、T5 等超大规模模型的训练难度和计算量也成倍增加。传统的优化器在大模型训练中面临效率瓶颈，为此，研究者们提出了LAMB（Layer-wise Adaptive Moment for Batch Training）。LAMB的特点在于它能够在大批量数据训练时保持稳定性，并通过分层自适应调整每层参数的更新步伐。

简单来说，LAMB就像是一位经验丰富的登山教练，在不同状况的山路上（即不同层的参数空间中）提供合适的方法。它能够在大规模训练中避免过度平滑或过度振荡，从而在减少训练时间的同时保持模型的收敛性。

学习率调度策略和优化器就像驾驶中的“油门控制”和“引擎性能”相互配合，共同决定了Transformer模型的训练效果。一个合适的学习率调度策略能够避免训练初期的振荡问题，而一个高效的优化器能够让模型在大规模数据和复杂梯度空间中找到最优路径。

四、正则化策略

一个学生在学习过程中，如果总是死记硬背课本上的内容，可能会在考试中得高分，但在实际应用中却难以灵活运用知识。同样地，深度学习模型在训练时如果过度拟合训练数据，往往会导致模型在实际应用中表现不佳。这种现象被称为过拟合（Overfitting）。Transformer模型由于其高度的表达能力和复杂的结构，更容易在训练数据上“记得太牢”，从而使泛化能力下降。因此，在Transformer的训练过程中，如何防止过拟合、提升模型在新数据上的表现能力成为了一个重要的研究方向。

1. 随机失活

随机失活（Dropout）是防止神经网络过拟合的经典方法之一，它的原理在于在每次前向传播时，随机将部分神经元的输出值置为零，从而让模型在训练过程中不会对某一特定神经元的输出值过于依赖，如图8-2所示。我们可以想象一下，如果一个学生每节课都只能随机听到某些老师的讲解，而不是每次都固定听同一位老师的讲解，他就会被迫学会自己总结每个老师的知识点，而不会过度依赖某个老师的讲解风格。同样地，模型在训练时通过随机失活机制，能够学会更加稳健的特征表示，而不依赖于单一的网络节点输出。

在 Transformer 模型中，随机失活通常被应用在多头自注意力机制和前馈神经网络中，用来缓解模型过拟合问题。例如，在多头自注意力模块中，每个头可以看作不同的注意力权重学习者。使用随机失活就相当于在每次训练时，随机“遗忘”某些注意力头的输出，从而让模型在每次对单词的重要性进行权重分配时变得更加多样化。

为了更形象地解释这一点，可以用一支篮球队的训练来比喻。假设一支篮球队在训练时，教练要求每次传球时必须随机“忽略”一名队员的位置（即某些神经元被随机失活），这样球队就不得不学会在不同的情况下找到合适的传球方式，而不会过分依赖某个明星球员（即某个神经元）。久而久之，整支球队的传球和战术就变得更加灵活多样。这种策略有效地提升了模型的泛化能力，避免了对训练数据中特定模式的过拟合。

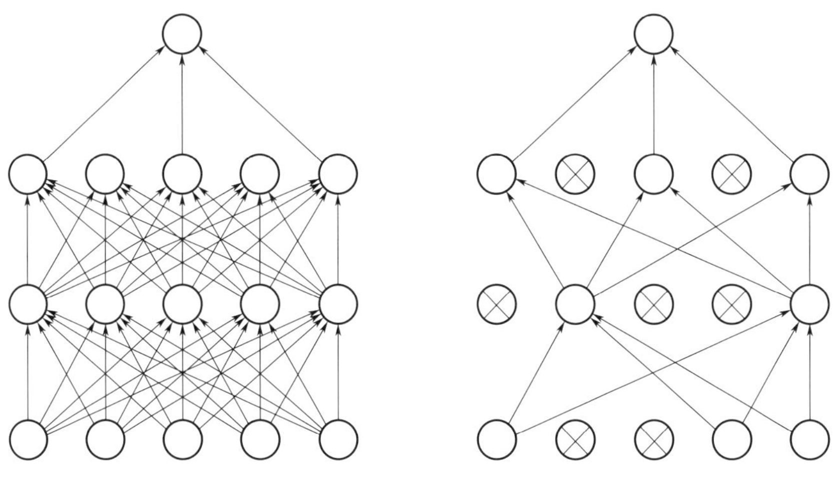

图 8-2 随机失活示意图

2. 标签平滑

在 Transformer 模型中，过度自信是一个常见问题。模型在训练过程中会逐渐倾向于将某些类别的预测概率变得非常接近 1，而其他类别的概率接近 0。这种极端的概率分布会导致模型在某些情况下对特定类别产生偏见，从而削弱泛化能力。为了解决这一问题，研究者们引入了标签平滑（Label Smoothing）技术。

标签平滑的核心思想是对训练数据中的标签（Label）进行平滑处理。通常情况下，模型的标签是“硬标签”（Hard Labels），即目标类别的概率为 1，其他类别的概率为 0。而使用标签平滑时，我们会将目标类别的概率设为一个略小于 1 的值，其他类别的概率设为一个略大于 0 的值。这种平滑处理能够有效防止模型过度自信，让它学会在分类时保持适度的“谦虚”。

假设你是一名学生，在学习一门外语时，你的老师不会希望你在刚开始时对每个单词的拼写或发音都充满绝对的信心。相反，她希望你在做选择时稍微保留一些模糊性（即标签平滑），以便在面对不熟悉的单词时能够更加开放地学习新的拼写规则。这种“适度不确定性”能够让你在长时间的学习中更加灵活，而不会因为过度自信而停滞不前。同样地，标签平滑让模型在面对新的、未见过的数据时能够保持一定的探索性，而不是机械地按照训练集中的模式进行预测。

五、梯度裁剪

如果说正则化策略像是一种“调和剂”，能够在模型训练时防止模型对某些特征过于敏感，从而提升模型的稳定性，那么梯度裁剪（Gradient Clipping）则是专门针对梯度爆炸现象的“急救措施”。它的作用在于当模型中出现异常大的梯度值时，通过截断梯度来防止模型参数更新过度，避免训练过程中模型表现突然发散的现象。

1. 梯度爆炸

为了更好地理解梯度爆炸，我们可以先了解一下什么是梯度。梯度是模型学习的方向与速度的标识，它指引着模型参数沿着误差减少的方向进行更新。可以把梯度比作模型在优化过程中使用的“指南针”。而所谓的“梯度爆炸”现象，就是指南针的指针突然失灵，指向了一个完全错误的方向，让模型在错误的方向上越走越远，最终导致参数值迅速增大，模型训练陷入崩溃状态。

这一现象往往出现在深度神经网络（尤其是 RNN、LSTM 等递归神经网络）和 Transformer 模型中。由于 Transformer 模型中包含多层堆叠的注意力机制和前馈网络，每一层都会对梯度进行一定程度的缩小或放大，因此当层数足够多时，如果没有合适的控制策略，梯度的增长就会呈指数级上升。最终导致模型的参数更新步伐越来越大，无法有效收敛，甚至训练过程直接失败。

就像你在山中徒步，如果山路变得越来越陡（梯度越来越大），每走一步你都必须加倍小心，否则可能因为一步迈得太大而失足滑落。同样，Transformer 模型在训练过程中如果每次梯度更新的步伐过大，也会导致模型“失足”，在错误的参数空间中越陷越深。

2. 梯度裁剪的工作原理

梯度裁剪的原理其实非常简单：当发现梯度值超过某个预设的阈值时，将其限制在该阈值之内。可以把它比作汽车在行驶过程中设置了“最高速度限制”。假设模型参数的更新速度（即梯度值）突然飙升，那么“裁剪器”就会像一只“无形的手”一样，强行降低汽车的速度，从而避免失控。

通常，梯度裁剪有两种主要的方式：

（1）基于范数的梯度裁剪（Global Gradient Clipping）

首先计算所有参数梯度的总范数（一般使用 L2 范数），然后将其与设定的阈值进行比较。如果总范数超过阈值，则按比例缩放所有梯度，使得缩放后的梯度范数等于阈值。数学表达式为：

$$\boldsymbol{GlippedGradient} = \frac{Threshold}{\| \boldsymbol{Gradient} \|_2} \times \boldsymbol{Gradient}$$

其中，$\|\boldsymbol{Gradient}\|_2$ 表示所有参数梯度的 L2 范数，***Threshold*** 是设定的裁剪阈值。

（2）基于每个参数的梯度裁剪（Local Gradient Clipping）

与全局裁剪不同，局部裁剪策略是针对每个单独的参数进行裁剪。当某个参数的梯度超过设定的阈值时，仅对该参数的梯度进行裁剪，而其他参数的梯度保持不变。

这两种方式各有优缺点：全局裁剪能够更好地控制模型整体的更新步伐，而局部裁剪则能够在不破坏梯度方向的情况下防止个别异常梯度值的影响。因此，在实际应用中，我们往往根据模型的规模和特性选择合适的裁剪策略。

3. 综合正则化策略：打造稳健的 Transformer 模型

在 Transformer 模型的训练中，防止过拟合与提升泛化能力并不是单靠某一种技术手段就能实现的，通常会将多种策略结合使用。比如，随机失活可以防止模型在训练时对某个特定特征过于依赖；标签平滑能够让模型在分类时保持适度的模糊性，从而提升泛化能力；而梯度裁剪则能够有效控制训练过程中的梯度爆炸现象，确保训练的稳定性。

这种策略组合就像运动员的综合训练计划。对于一名运动员来说，力量训练（随机失活）能够提升体能，平衡训练（标签平滑）能够提升运动中的灵活性，而急停训练（梯度裁剪）则能够防止他在比赛中因冲得过猛而摔倒。只有将这三种训练策略结合起来，才能打造出一名既有力量又灵活，同时在关键时刻还能控制好节奏的优秀运动员。同样，综合使用这些正则化策略，我们才能训练出一个既强大又稳健的 Transformer 模型。

在提升 Transformer 模型训练稳定性和优化模型性能时，除了上文讨论的梯度裁剪、学习率调度等策略外，本书第五章讲解的层标准化和残差连接也是常用的手段之一，这里不再赘述。

六、混合精度训练与分布式训练

随着深度学习模型的规模不断扩大，如今的 Transformer 模型动辄拥有上亿、甚至上千亿的参数。这些庞大的模型虽然在自然语言处理任务中表现出色，但同时也带来了极高的计算和内存开销。因此，如何高效地训练 Transformer 模型，尤其是在保持训练稳定性的前提下提高训练速度，成为了一个迫切需要解决的问题。

要想训练这样规模庞大的模型，仅靠传统的优化手段往往不足以显著提升效率。为此，研究者们提出了两种重要的训练技巧——混合精度训练（Mixed Precision Training）和分布式训练（Distributed Training）。这两种技术分别通过优化计算效率和分散计算任务来加速模型的训练过程，同时有效减少内存和硬件资源的消耗。

1. 混合精度训练

混合精度训练是一种通过在训练过程中使用多种数据精度（如浮点数的不同表示方式）来提升计算效率的技术。传统的深度学习训练通常使用 32 位浮点数（FP32）来表示所有的参数和梯度，这是因为它能够在计算过程中提供足够的精度，防止数值溢出或舍入误差。然而，使用 32 位浮点数表示所有数据时，每个数据点占据较多的内存和计算资源。尤其是在处理大规模 Transformer 模型时，这种精度表示会带来显著的资源开销。

为了解决这一问题，研究者们提出了16位浮点数（FP16）与32位浮点数（FP32）相结合的混合精度训练策略。在这种策略下，模型的某些计算（如前向传播和部分权重更新）使用低精度的FP16来表示，而在关键步骤（如梯度累积和损失计算）则使用高精度的FP32。通过这种“精度的灵活分配”，混合精度训练能够在不影响模型收敛效果的前提下显著降低内存使用、提升计算速度。

在具体实践中，混合精度训练通常分为以下几个步骤。

（1）模型前向传播使用低精度（FP16）计算

在前向传播过程中，所有的矩阵运算（如自注意力计算、矩阵乘法等）都使用低精度的FP16进行。这种低精度的计算虽然舍去了部分数值精度，但大多数情况下对训练效果影响不大。

（2）损失计算和梯度累积使用高精度（FP32）处理

在反向传播时，为了防止数值不稳定或溢出，梯度累积和损失计算使用高精度的FP32来保证计算的精度。

（3）自动混合精度（Automatic Mixed Precision，AMP）控制训练过程

现代的深度学习框架（如PyTorch和TensorFlow）都提供了AMP工具，能够根据不同的计算场景自动选择适当的精度，从而简化了混合精度训练的实现。

通过这种精度灵活分配，混合精度训练能够将内存使用降低至传统32位精度训练的$\frac{1}{3}\sim\frac{1}{2}$，同时将计算速度提高到原先的2倍以上。这对于大规模Transformer模型（如BERT-large或GPT-3）的训练尤其有效。

2. 分布式训练

尽管混合精度训练能够在单个设备上有效提升计算效率，但对于超大

规模模型（如 GPT-3、T5-11B）来说，即使采用了混合精度策略，单个 GPU 或 CPU 的计算能力和内存依然难以支撑这样的模型训练。因此，研究者们提出了分布式训练（Distributed Training），通过将模型的训练任务分配到多台设备上进行并行计算，从而实现大规模模型的高效训练，如图 8-3 所示。

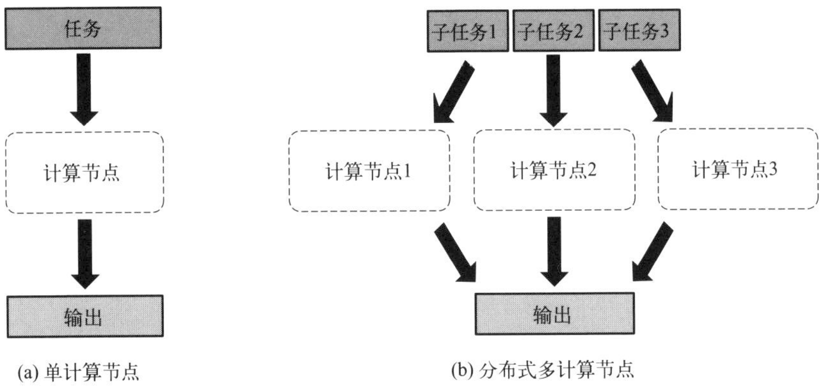

图 8-3 分布式示意图

分布式训练的核心在于如何将模型的计算任务和数据分配给不同的计算节点（如多台 GPU、TPU 或服务器），并确保这些节点之间能够高效地通信与同步。根据任务分配方式的不同，分布式训练主要分为以下两种策略：

（1）数据并行（Data Parallelism）

在数据并行策略中，每个计算节点都持有整个模型的副本，但每个节点处理不同的小批量数据（Mini-batch）。在前向传播和反向传播结束后，每个节点计算出的梯度会被聚合到一起进行参数更新。简单来说，数据并行就像让每个学生（节点）都拥有相同的课本（模型副本），但每个人学习的题目（小批量数据）不同。最后，大家将各自学到的知识（梯度）集中在一起分享，从而形成整体的学习效果。

（2）模型并行（Model Parallelism）

在模型并行策略中，每个节点只存储和计算模型的一部分参数。例如，一个大型 Transformer 模型可能会被分割成若干层（或某些特定的参数模块）分别放在不同节点中进行计算。模型并行的策略类似于组装生产线，每个工人（节点）只负责组装某一个零部件（模型的一部分），然后将组装好的部件传递给下一个工人进行接续组装（前向传播）。这种方式尤其适合超大模型的训练，因为它能够有效降低单个节点的内存压力。

在实际的训练过程中，数据并行和模型并行往往被结合使用，形成混合并行策略（Hybrid Parallelism）。例如，在 GPT-3 这样的超大规模模型中，我们可能会使用模型并行将模型拆分为多个计算节点，每个节点再进行数据并行处理。通过混合使用这两种策略，分布式训练能够在保持高效性的同时避免单一策略的局限性。

3. 梯度累积

在分布式训练中，有时受限于硬件资源，我们可能无法在每次训练中使用非常大的批量数据来计算梯度。这时，我们可以使用梯度累积（Gradient Accumulation）技术来模拟大批量训练。梯度累积就是在每次小批量数据前向传播和反向传播时，不立刻更新参数，而是将计算出的梯度保留下来，直到累积了足够多的小批量数据后再一次性进行参数更新。这种方式能够在保持高效训练的同时，降低单次内存使用量，并模拟大批量训练的效果。

梯度累积就好比储水池，每次小批量训练就像向水池中倒入一小桶水（计算一次梯度），水还没有溢满（还未到批量更新的时机）。当水池中的水量（累计梯度）达到一定水平（设定的批量大小）后，再一次性放水（更新参数），这样就能在单次“灌水”不多的情况下模拟大水量的训练效果。

七、数据处理与数据增强

在 Transformer 模型的训练过程中，模型性能的好坏往往不仅取决于模型本身的架构和训练策略，还取决于所用数据的质量。简单来说，模型好比是一个学习能力很强的学生，但如果你给他的学习材料过于单调或者错误百出，即便他天赋再高，也难以取得优异的成绩。因此，数据处理与数据增强（Data Augmentation）就显得尤为重要。它们通过对训练数据进行清洗、修正和多样化处理，让模型在学习过程中能够“见多识广”，从而拥有更强的泛化能力。

1. 数据清洗

对于 Transformer 模型来说，如果训练数据中存在大量噪声（例如拼写错误、重复数据、无意义的文本片段），模型在学习过程中会受到误导，甚至会因此学到错误的模式，导致模型的表现远不如预期。因此，在模型训练之前，数据清洗是一个必不可少的环节，如图 8-4 所示。数据清洗通常包括以下几个步骤：

（1）去除噪声数据

检查和去除训练数据中明显无效的样本。例如，一些包含特殊符号（如“@@@@@”）或重复句子的大量样本，这些数据往往是爬虫或其他自动化数据收集过程中产生的噪声。

（2）处理文本中的拼写和语法错误

对于自然语言处理任务，文本中的拼写错误和语法错误可能导致模型学习到错误的单词嵌入（Word Embedding）。因此，在训练前，应该通过拼写校正工具（如 spellchecker 库）来修正拼写错误，或使用自然语言工具包（如 NLTK、SpaCy）来处理简单的语法错误。

（3）去重与数据规范化

为了防止模型过拟合于某个特定样本，应去除训练数据中的重复样本，并将数据格式（如时间、数字）规范化为一致的格式。比如，将“12/12/2023”和“2023 年 12 月 12 日”都规范化为“12 月 12 日”这种统一的格式。

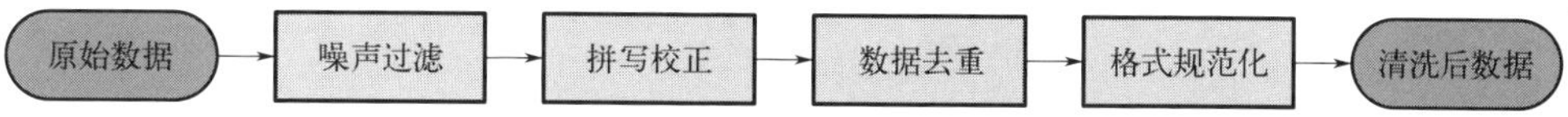

图 8-4　数据清洗流程图

2. 数据增强：让模型学习到更多样的模式

数据增强是一种通过对原始训练数据进行变换或扩展，生成新数据样本的方法。它的目标是增加训练数据的多样性，让模型能够学习到更多样化的特征，从而提升模型的泛化能力。数据增强最初多用于计算机视觉领域（例如对图像进行旋转、翻转、裁剪等操作），但在自然语言处理中，数据增强同样起着重要作用。

对于 Transformer 模型来说，常见的数据增强策略有以下几种：

（1）回译（Back-Translation）

回译是一种通过使用机器翻译将文本从一种语言翻译到另一种语言，再翻译回原语言的技术。这种方式能够生成与原句意义相近但措辞不同的新句子，从而增加训练数据的多样性。举个例子，假设我们有一句训练样本“The weather is sunny today”，可以使用回译将它从英语翻译到法语“Il fait beau aujourd'hui”，然后再翻译回英语，得到新句子“Today, the weather is beautiful”。这样生成的新句子保持了原句的意思，但使用了不同的表达方式，从而有效地增加了训练数据的多样性。

（2）随机删除（Random Deletion）

随机删除是一种通过随机删除句子中的某些词语来生成新样本的技

术。它的原理在于去除某些次要词汇，让模型学会在信息不完全的情况下仍然能够理解句子的整体意思。假设原句是“The quick brown fox jumps over the lazy dog”，我们可以随机删除几个词，得到新句子“The quick fox jumps over dog”。虽然新句子少了几个词，但整体意思依然清晰可辨。这种策略能够有效防止模型在训练时过度依赖某些具体的词汇。

(3) 词汇替换（Word Replacement）

词汇替换是指在句子中随机选取某个词语，并将其替换为与之相似的其他词语（如同义词）。这种策略能够让模型学会对不同的词汇表达具有更强的鲁棒性，从而避免过拟合在特定词语上的现象。假设原句是“The cat is sitting on the mat”，我们可以将“cat”替换为“kitten”，或者将“mat”替换为“rug”。这样生成的新句子能够保持原句的语义，但使用了不同的词汇组合。

3. 动态批量大小

在大规模模型训练中，批量大小（Batch Size）是一个非常重要的参数。较大的批量大小能够在每次迭代中提供更加稳定的梯度估计，从而加速模型的收敛。然而，批量越大，对 GPU 内存的消耗也就越高，这对训练设备的资源配置提出了较高要求。

动态批量大小（Dynamic Batching）的策略是根据训练过程中的资源使用情况（如 GPU 内存占用率）动态调整批量大小，从而在保证内存不溢出的前提下最大化利用设备资源。这种策略能够有效提升训练速度，同时防止因过大的批量大小而导致的内存瓶颈问题。

可以将动态批量大小比作在跑步时根据路况和体力情况动态调整步幅——如果你发现前方路面平坦、体力充沛（内存充足），你可以加大步幅（增大批量大小）快速前进；而当前方路况复杂、体力不支时（内存占用接近瓶颈），你需要缩小步幅（减小批量大小）以保持平稳前行。通过这种方式，你能够在长距离跑步（大规模训练）中实现最快的速度。

数据处理与数据增强是 Transformer 模型训练中不可或缺的环节。它们能够通过提升数据质量和丰富数据样本，帮助模型学习到更加多样化的特征，从而提升模型的泛化能力。在实际应用中，我们通常将数据清洗、数据增强与动态批量大小结合起来使用，确保模型能够在高质量、丰富多样的数据上进行训练，从而为模型表现打下坚实的基础。

除了上述几种模型优化与训练的技巧，模型压缩与加速同样是优化策略的一种，它通过剪枝、量化和知识蒸馏等技术在保持模型性能的同时显著降低计算开销和存储需求。本书前文已对此做过详细介绍，此处不再赘述。

第九章　实际应用案例

一、Transformer 模型如何改变 NLP 任务

二、文本分类中的 Transformer 应用——情感分析

三、序列标注任务中的 Transformer 应用——命名实体识别

四、序列到序列任务中的 Transformer 应用——机器翻译

五、文本生成任务中的 Transformer 应用——自动文本摘要

一、Transformer 模型如何改变 NLP 任务

自从 Transformer 模型在 2017 年被提出以来，它就像一股变革的力量迅速席卷了自然语言处理领域。与传统的序列模型（如 LSTM、GRU）相比，Transformer 通过其独特的自注意力机制和高度并行化的架构，不仅在性能上超越了先前的主流模型，更在多种复杂任务中展示了非凡的能力。可以说，Transformer 是现代 NLP 技术的一个里程碑，其影响力已经深入到文本分类、序列标注、机器翻译、文本生成等方方面面。

这就好比，Transformer 模型是一位全能的语言专家，能够胜任从翻译到写作、从信息提取到内容理解的各种角色。正因为 Transformer 模型具备如此广泛的适应能力，学术界和工业界开始不断探索如何利用它来提升各种 NLP 任务的表现。通过一系列预训练与微调方法，Transformer 模型不仅能够理解复杂的上下文信息，还能够灵活地适应不同的应用场景，让文本处理变得更加精准和智能。

对于学习者来说，单纯讨论 Transformer 的理论原理和技术细节可能显得枯燥而晦涩。因此，为了让读者能够更好地理解这一复杂模型的实际应用，本章将通过几个经典的 NLP 任务逐一展示 Transformer 模型在这些任务中是如何大显身手的。通过具体案例，我们可以更加直观地理解 Transformer 在实际应用中的表现，并揭示其背后的设计思路。

二、文本分类中的 Transformer 应用——情感分析

文本分类任务是自然语言处理领域中较基本且应用较广泛的任务之

一。它的目标是将给定的文本分类到预定义的类别中，常见的文本分类任务包括新闻分类、垃圾邮件识别和情感分析等内容。在这些任务中，情感分析（Sentiment Analysis）尤为典型且应用广泛，它被广泛用于社交媒体监测、产品评论分析、市场情报研究等领域。情感分析的核心目标是自动识别用户文本中表达的情感倾向（如积极、消极、中性），从而为企业和研究人员提供公众情绪的相关数据。

想象一下，在电商平台中，情感分析系统就像是一个“情感侦查员”，能够快速地扫描成千上万条用户评论，从中识别出客户对某个产品的具体情感倾向：这种自动化的情感分析能力能够帮助企业快速发现产品优缺点，并做出有针对性的策略调整。

1. 传统情感分析方法的局限

在 Transformer 模型出现之前，情感分析主要依赖于传统的机器学习方法和浅层神经网络模型，如支持向量机（SVM）、卷积神经网络（CNN）和长短时记忆网络（LSTM）。这些模型在简单任务中表现尚可，但在面对复杂、长文本情境时，它们的能力往往捉襟见肘。比如，LSTM 能够处理序列信息，但其“记忆”能力有限，当句子变得冗长时，模型往往只能关注句子前半部分的内容，而无法准确捕捉长文本中后半部分的情感变化。

举个例子来说，如果你看到一条产品评论：“这款手机外观设计非常漂亮，但续航时间太短，很不满意。”传统的 LSTM 模型可能只会关注到句子的前半部分“外观设计非常漂亮”，而忽略了后半部分的转折“但续航时间太短”。结果，它可能会错误地将这条评论归类为“积极”情感。而 Transformer 模型由于其自注意力机制的引入，可以同时关注到句子的所有部分，从而理解“漂亮”和“不满意”之间的情感反差，进而做出更加准确的情感判断。

2. Transformer 进行情感分析的实例

Transformer 模型的崛起彻底改变了情感分析的局面。在所有的

Transformer 变种中，BERT 是情感分析中最常用的模型之一。与传统模型不同，BERT 采用了双向注意力机制，能够在建模句子时同时考虑上下文的所有词，从而在理解文本时不会忽略任何重要信息。

在情感分析中，我们通常使用预训练的 BERT 模型，然后通过微调策略使其适应特定的情感分类任务，如图 9-1 所示。整个流程可以分为以下几个步骤。

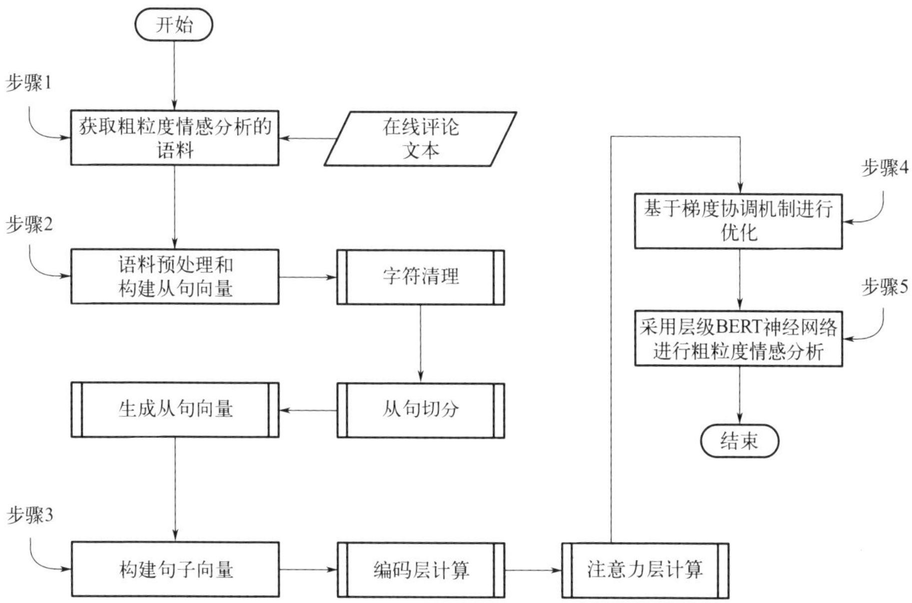

图 9-1　BERT 情感分析详细流程图

（1）文本预处理

将输入的文本（如一条产品评论）进行分词处理，并将其转换为 BERT 模型可以理解的输入格式，如添加特殊的［CLS］和［SEP］标记。

（2）模型编码

将处理后的文本输入到 BERT 模型中。BERT 通过其多层堆叠的自注意力机制来捕捉文本中的全局上下文信息。每一层的输出不仅包含当前词的表示，还结合了整个句子的上下文特征。

（3）情感分类层

在 BERT 的输出中，我们通常使用第一个标记［CLS］的输出向量作为整个句子的表示，然后将它传递给一个全连接层，通过 Softmax 函数计算情感分类概率。

（4）情感预测

根据 Softmax 输出的概率值，将文本归类为“积极”“消极”或“中性”等情感类别。

可以将这个过程比作一位经验丰富的电影评论家，在分析一段复杂的电影评论时，他不会被评论中的某一句话或某个词汇所误导，而是会综合考量整段评论的所有信息，从而得出整体情感倾向。例如，当看到“这部电影的画面非常优美，但剧情太拖沓，结尾很让人失望”时，BERT 模型就像这位评论家，能够理解“优美”与“失望”之间的情感冲突，从而得出一个更加符合实际的情感分析结果。

三、序列标注任务中的Transformer应用——命名实体识别

在自然语言处理中，命名实体识别（Named Entity Recognition，NER）是一种经典的序列标注任务。它的目标是从给定的文本中识别出特定的实体，并为每个实体分配相应的类别标签，如人名、地点、公司名、日期等。NER 在实际应用中有着广泛的用途，几乎在所有需要从文本中提取结构化信息的任务中都扮演着重要角色。举例来说，法律文本分析、医学研究文献的自动标注，甚至是金融新闻中的公司事件抽取都离不开 NER 技术。

想象一下，NER 就像是一个信息探测器，在一片杂乱无章的文字中

寻找和标记关键目标。就好比一名侦探在阅读一份复杂的报告时，能够快速找到其中的重要人物、地点和时间，并为后续的情报分析打下基础。早期的NER技术往往依赖于手工特征工程和规则系统，但随着深度学习模型的发展，基于LSTM的模型开始逐渐取代传统方法，能够通过学习上下文模式来识别复杂的实体。然而，LSTM仍然存在“短视”的问题，即只能在相对较短的文本中有效工作，当遇到长文本或需要捕捉全局上下文的任务时，往往显得力不从心。

1. Transformer模型在NER中的优势

在NER任务中，Transformer模型的优势尤为突出。与传统的RNN模型不同，Transformer采用的自注意力机制使得它能够在处理每个词语时都考虑到句子中所有其他词的位置和信息。因此，即使面对长文本，Transformer也能够轻松捕捉到句子中的远程依赖关系。换句话说，Transformer不仅能够记住句子开头的“人物名”，还能在句子结尾正确识别出与其相关的“公司名”或“职位”，从而在信息抽取中展现出更强的上下文理解能力。

为了更好地理解这一点，可以设想一个典型的应用场景：假如你正在阅读一篇长篇新闻报道，开头提到“亚马逊公司CEO杰夫·贝佐斯（Jeff Bezos）”，而在文章的中间或结尾可能会再度提到“贝佐斯”或“杰夫”。传统的LSTM模型往往难以跨越较长的距离来关联这些词语，而Transformer则能够轻松地识别“贝佐斯”与“亚马逊公司”之间的关系，并将“贝佐斯”正确地归类为“人物名”而非普通的文本片段。

因此，在实际应用中，Transformer模型（如BERT、RoBERTa、ALBERT）被广泛用于NER任务。具体来说，常用的方法是通过预训练和微调策略：首先使用大规模的通用语料库（如维基百科、BookCorpus）进行预训练，让模型学会语言中的基础语法和词汇模式，然后在特定领域的标注数据（如CoNLL-2003数据集）上进行微调，以适应NER的具体任务需求。

2. Transformer 在 NER 任务中的实现流程

要理解 Transformer 是如何实现 NER 任务的，我们可以用 BERT 模型为例来逐步讲解其内部工作原理，如图 9-2 所示。通常，BERT 会将整个句子作为输入，然后在每一层中使用多头自注意力机制来逐步更新每个词的表示。最终，模型会生成一个上下文敏感的词表示（Contextualized Word Embedding），其中每个词的表示不仅包含该词的含义，还结合了句子中其他词语的信息。因此，当我们将这个表示传递给一个线性分类层时，模型就能够根据上下文信息来判断该词是“人物名”“地名”还是“无关词”。

在具体的实现过程中，Transformer 模型会按照以下流程进行。

（1）文本输入与格式化

输入句子被分词处理，并转换为 BERT 可以理解的输入格式。在 NER 任务中，BERT 的输入通常包括原始文本片段和词汇对应的特殊标记，如“[CLS]”表示句子开头，“[SEP]”表示句子结尾。

（2）层级编码与上下文理解

BERT 的多层自注意力机制能够逐层处理输入句子中的所有词语，并在每一层中综合考虑上下文关系。例如，句子“苹果公司总部位于加利福尼亚州”中的“苹果公司”会在编码过程中逐渐与“加利福尼亚州”建立关联，从而让模型能够理解两者之间的实体关系。

（3）序列标注与标签分配

在模型的输出中，每个词都有一个与其对应的上下文表示（Embedding）。这时，我们将这些词表示传递给一个标注层（如条件随机场 CRF 层或 Softmax 分类层），以便为每个词分配对应的实体类别标签。

（4）实体预测与结果解析

最终模型将为每个词预测一个标签（如“B-ORG”表示“组织名开

头”，“I-PER”表示“人物名内部”），从而实现对整个句子的实体标注。

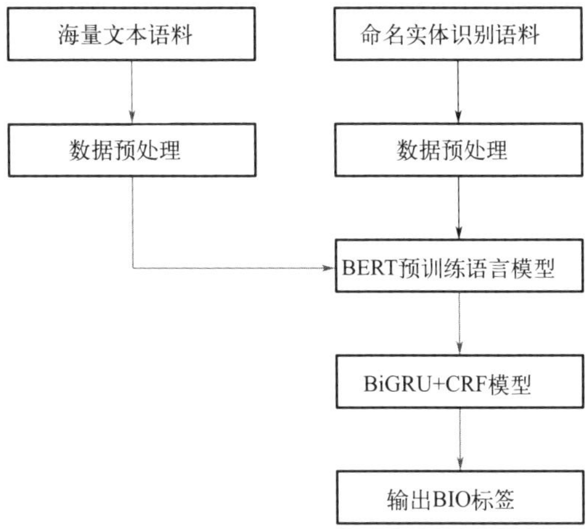

图 9-2　BERT 命名实体详细流程图

3. 从法律文本中识别实体的实例

为了更好地说明 BERT 在 NER 任务中的优势，我们可以通过一个具体的法律文本案例来进行讲解。设想我们需要从一段法律合同中自动提取出所有涉及的组织名称、法律条款和签署日期：

“本协议由微软公司与谷歌公司于 2021 年 3 月 15 日在加利福尼亚州签订。”

对于这一句复杂的法律文本，传统的 NER 模型可能只能识别出“微软公司”和“谷歌公司”作为“组织名”。然而，BERT 能够通过其自注意力机制，逐层建立“微软公司”与“加利福尼亚州”的关联，并将“2021 年 3 月 15 日”正确识别为“日期实体”。这是因为 BERT 能够在每一层中动态地调整注意力权重，确保每个词能够与上下文中的其他关键实体建立联系，而不仅仅局限于局部信息。

4. BERT 在 NER 任务中的实际应用价值

BERT 在 NER 任务中的应用可以大幅提升信息提取的精度。无论是从法律文本中自动提取条款内容，还是从医学研究论文中识别出药物名称和疾病描述，Transformer 模型的上下文理解能力都能够确保识别的准确性和全面性。这就像一名训练有素的速记员，能够在长篇大论的谈话中始终保持注意力，并在需要时快速捕捉关键细节，不会被表面上的复杂结构所迷惑。

总结来说，Transformer 模型通过其多头自注意力机制和上下文敏感的词表示方式，极大地提升了 NER 任务的效果。与传统模型相比，它能够在长文本中识别复杂的实体关系，并在不同场景中灵活地应用。

四、序列到序列任务中的 Transformer 应用——机器翻译

机器翻译（Machine Translation）是自然语言处理中的一个经典应用场景，而 Transformer 模型最初也是为了解决这一任务而设计的。自从 2017 年“Attention is All You Need”提出以来，Transformer 架构便凭借其卓越的长距离依赖捕捉能力和并行计算优势，迅速成为机器翻译领域的主流模型。传统的基于递归神经网络（RNN）的序列到序列（Seq2Seq）模型虽然能够处理较短文本的翻译，但在面对长句子时容易出现“遗忘”问题，从而导致翻译效果不佳。而 Transformer 模型则通过其独特的自注意力机制，能够在处理每个词时同时关注到句子中所有其他词的位置，从而解决了长文本翻译中的“信息遗失”难题。

机器翻译就像是语言世界中的“桥梁建筑师”，将源语言和目标语言之间的鸿沟填平。它的任务是将原始语言（如英语）中的语句转化为另一种语言（如中文），同时保留句子的语义、语法结构和情感表达。这个过程就像翻译者在听完演讲者说话时，能够在脑海中形成对内容的完整理解，然后用另一种语言将其准确表达出来。基于这一思路，Transformer 模型引入了编码器和解码器结构，通过编码器将源语言文本转化为一系列上下文表示，然后通过解码器将这些表示转化为目标语言的句子。图 9-3

为 Transformer 在机器翻译过程中的架构图。

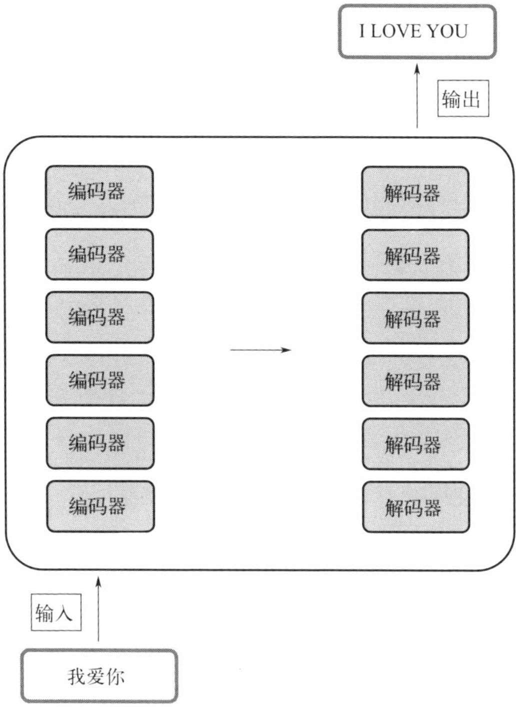

图 9-3　Transformer 在机器翻译过程中的架构图

1. 传统机器翻译模型的局限

在 Transformer 提出之前，机器翻译主要依赖于基于 RNN 的序列到序列模型。这种模型通常使用一个长短时记忆网络（LSTM）或门控循环单元（GRU）来编码源语言句子，再将编码后的语义表示传递给解码器生成目标语言句子。RNN 模型尽管能够处理一定长度的句子，但在面对长句子时（如复杂的法律文件或学术论文）表现会急剧下降。这种下降主要源于 RNN 的“顺序性”特征：模型在逐词处理句子时，当前状态只能依赖于之前所有词的信息，而这些信息会随着句子长度的增加逐渐衰减。因此，当 RNN 模型处理长句时，往往无法将句子前后的信息进行有效整合，从而导致翻译结果前后不一致，甚至语义混乱。

例如，假设我们有一句复杂的英语句子：

“Although the new smartphone has a sleek design，its battery life is relatively poor compared to other products in the market.”

如果用传统的 RNN 模型进行翻译，很可能只能捕捉到句子前半部分的“sleek design”（外观设计优美），而忽略了后半部分的“battery life is relatively poor”（电池续航较差），从而生成一个不完整的译文。Transformer 模型通过自注意力机制解决了这一问题，它能够在处理句子时同时将“design”和“battery life”都考虑在内，从而生成一个更加连贯且语义一致的翻译结果。

2. Transformer 模型在机器翻译中的工作流程

为了更好地理解 Transformer 模型在机器翻译任务中的具体操作，我们可以将整个过程拆分为几个关键步骤。

（1）输入文本的嵌入（Embedding）与编码

将源语言文本（如“Although the new smartphone has a sleek design”）转换为词向量嵌入表示，并加上位置编码。这一步的目的是让模型能够区分每个词的位置关系，从而保持句子结构的完整性。

（2）编码器的自注意力处理

编码器的每一层都会根据自注意力机制计算当前词与句子中其他所有词的关联度。比如，当模型处理“smartphone”这个词时，它会同时考虑句子中所有其他词（如“new”“sleek design”）对“smartphone”的影响，从而生成一个上下文敏感的表示。

（3）解码器的交叉注意力机制

解码器在生成目标语言时，首先会根据已经生成的部分（如“虽然”）进行自注意力计算，然后再通过交叉注意力模块从编码器的输出中查找“参考信息”。比如，当生成“智能手机”时，解码器会利用编码器中

"smartphone"的上下文表示来确保翻译的准确性。

（4）词汇预测与翻译生成

解码器逐词生成目标语言的翻译结果，直到遇到句子结束标志[EOS]。在这一过程中，解码器会动态调整注意力权重，确保生成的句子在语义和语法上与源语言保持一致。

无论是用于翻译短句（如社交媒体评论）还是长篇文档（如法律文件或技术说明书），Transformer都能够提供更加精准、连贯的翻译结果。正是由于这一点，Transformer架构已经成为当今机器翻译系统（如Google翻译、DeepL等）的核心支撑技术。通过编码器-解码器结构和多头注意力机制，Transformer模型能够在源语言和目标语言之间搭建起一座稳固的桥梁，确保每个词的翻译都能够考虑到全局语境，而不仅仅是逐词映射。

五、文本生成任务中的Transformer应用——自动文本摘要

在自然语言处理领域，自动文本摘要（Text Summarization）是一种典型的文本生成任务。它的目标是从一段长篇文本中自动提取或生成一段简短的摘要，帮助用户在不阅读全文的情况下快速了解核心信息。文本摘要可以被分为两种类型：抽取式摘要（Extractive Summarization）和生成式摘要（Abstractive Summarization）。前者通过从原文中直接提取关键句子来生成摘要，后者则通过理解原文的语义，生成一个全新的、语言风格自然的短文。

想象一下，在日常生活中，你可能会遇到这样一个场景：面对几千字的新闻报道、研究论文或长篇小说，你很难抽出时间逐字逐句地通读全文，这时，一段精练的摘要就显得格外重要。它就像一本书的"目录"或"前言"，帮助你快速筛选出最有价值的信息，并决定是否值得深入阅读。

传统的自动文本摘要方法往往采用基于统计的方法（如词频分析、TF-IDF）来识别重要的句子，但这种方法容易导致摘要过于冗长且缺乏连贯性。生成式模型则通过理解文本中的逻辑和语义关系，能够生成更加连贯、自然的摘要，因而受到越来越多的关注。

而在这一任务中，Transformer 模型，尤其是其变种如 T5 和 BART，展现出了强大的语言生成能力。它们能够通过大规模预训练来学习文本中的复杂语言模式，并通过微调适应具体的摘要任务。这就如同一个经验丰富的编辑者，他不仅能够快速提炼出文本的要点，还能用简洁优美的语言进行重组，从而生成一个高度概括且易于理解的摘要。

1. 传统文本摘要方法的局限

在 Transformer 模型出现之前，自动文本摘要的研究主要集中在抽取式摘要上。抽取式摘要方法通过计算文本中各个句子的权重（如词频、位置、句子长度等）来判断哪些句子最重要，并直接将这些句子拼接成摘要。然而，这种方法有两个明显的局限性——缺乏语义理解、摘要风格僵硬。抽取式摘要只是简单地复制文本中的句子，而不考虑句子之间的逻辑关系。因此，生成的摘要可能会包含重复信息或前后矛盾的内容。这种方式由于直接使用原文句子，往往还难以生成连贯流畅的文本。例如，在摘要新闻时，抽取式方法可能会将几个独立的段落拼接在一起，从而造成冗长而晦涩的结果。

举个例子来说，假设我们需要为以下一段新闻生成摘要：

“苹果公司近日发布了最新的智能手机产品 iPhone 16 系列。该系列手机搭载了全新的 A18 芯片，提升了处理速度和能效。同时，iPhone 16 配备了全新的 48MP Fusion 摄像头模组，支持更强大的夜间拍摄效果，并新增了类似专业相机快门的 Camera Control 按钮。”

抽取式摘要可能会简单地提取“苹果公司发布了最新的智能手机产品 iPhone 16 系列”和“iPhone 16 配备了全新的 48MP Fusion 摄像头模组，支持更强大的夜间拍摄效果”这两句话。然而，这种摘要缺乏连贯性，并且没有强调出“摄像头升级”和“夜拍效果提升”之间的关系。生成式摘要则能够通过理解原文的语义，将信息进行重组，从而生成一个更加自然的摘要，例如："苹果公司发布了 iPhone 16 系列，搭载全新的 A18 芯片，并配备升级的 48MP Fusion 摄像头模组，支持更强大的夜间拍摄效果，且新增了 Camera Control 按钮，带来专业相机般的拍摄体验。"

2. Transformer 模型在生成式文本摘要中的应用

生成式文本摘要是一项高度复杂的任务，它要求模型不仅能够识别文本中的关键信息，还能够在生成摘要时确保语义的一致性和语言的流畅性。基于这一需求，Transformer 模型凭借其强大的序列到序列建模能力和多头自注意力机制，成为了这一任务的首选。与传统模型相比，Transformer 能够同时处理长文本中的全局信息，并通过其独特的架构设计在生成阶段动态地调整每个词的注意力权重，从而生成结构更加连贯、语言更加自然的摘要。

T5 模型采用了"文本到文本"的训练框架，将所有的 NLP 任务（如翻译、文本分类、文本摘要等）统一表示为"文本输入→文本输出"的形式。例如，在文本摘要任务中，T5 会将输入的长篇文本表示为"summarize：[原文]"，然后在解码时生成一个短文表示作为摘要。T5 模型能够通过其双向编码器 - 解码器结构全面理解文本的语义，并在生成阶段灵活地重组语言内容。

与此同时，BART 模型结合了 BERT 和 GPT 的优点，它在编码阶段使用双向注意力机制来全面理解输入文本的上下文信息，而在解码阶段使用自回归生成方式生成摘要。BART 特别擅长处理具有复杂逻辑关系的长文本，并能够在生成过程中自动调整语言风格，从而生成高度自然的摘要。

3. Transformer 在文本摘要任务中的具体流程

我们可以通过以下流程来理解 Transformer 模型在文本摘要任务中的

操作（图 9-4）：

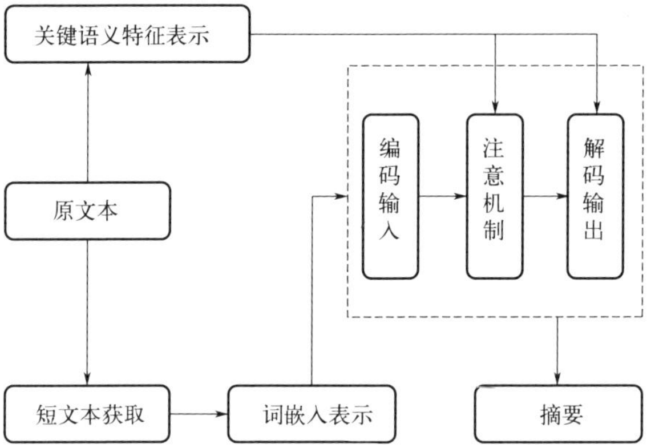

图 9-4 Transformer 生成式文本流程图

（1）输入文本的嵌入与编码

将原始文本进行分词处理，并将其转换为 Transformer 可以理解的词向量表示。在 T5 模型中，所有文本会被统一转换为字符串形式，并加上特定的任务标签（如“summarize：这篇文章主要讲述了……”），以便模型区分不同任务。

（2）多头自注意力机制捕捉全局信息

在编码阶段，Transformer 模型的多头自注意力机制会对输入文本的所有词进行全局建模。比如，当处理一篇学术论文时，模型能够同时关注引言部分的背景信息和结论部分的研究成果，从而生成一个能够概括全文核心内容的摘要表示。

（3）解码器生成摘要

在解码阶段，Transformer 模型通过动态调整注意力权重，根据输入文本的表示逐词生成摘要。例如，当生成“这项研究提出了……”时，解码器会参考编码器中关于“研究目标”和“提出的方法”的语义表示，从而确保生成的句子逻辑连贯。

（4）语言风格调整与总结

在生成过程中，模型会根据上下文信息自动选择合适的句式和用词风格，从而生成简洁、易懂的摘要。比如，面对技术文档时，模型会生成学术风格的摘要；而面对新闻文本时，则会使用更加通俗的表达。

4. Transformer 生成学术论文的摘要

让我们通过一个具体的例子来了解 Transformer 在文本摘要任务中的实际表现。假设我们有一篇学术论文的引言部分：

“近年来，深度学习在图像识别、语音识别和自然语言处理等领域取得了显著的进展。特别是基于 Transformer 的模型由于其高效的并行化设计和强大的语义理解能力，已经成为自然语言处理任务的主流。然而，Transformer 模型在处理长文本时依然面临着内存和计算开销高的问题。本研究提出了一种新的模型架构，旨在通过层次化的注意力机制来优化 Transformer 在长文本处理中的性能。”

如果使用 T5 模型进行摘要生成，模型可能会输出如下结果：“本研究提出了一种层次化注意力机制，旨在优化 Transformer 在长文本处理中的性能。”这种摘要不仅捕捉了原文的核心信息（层次化注意力机制和长文本处理），还使用了更加简洁明了的语言表达方式，从而能够在短短一句话中传达出论文的主要贡献。

Transformer 模型在文本摘要任务中的成功展示了其强大的语言理解与生成能力。无论是为新闻生成精练的概括，还是为学术论文提取核心结论，Transformer 都能够凭借其全局建模能力和自适应生成策略，生成连贯、精准的摘要文本。这种能力不仅大大提升了信息处理的效率，还能够为用户提供更加准确的内容摘要，从而帮助他们更快地获取关键信息。

结语：探索未来语言智能的无限可能

本书从 Transformer 模型的基本原理开始逐步深入，全面而系统地剖析了这一深度学习模型的核心机制和创新点。Transformer 模型不仅改变了自然语言处理领域的技术格局，还在语音、图像等多模态任务中展现出了巨大的潜力。从情感分析、机器翻译到文本生成，Transformer 已成为现代人工智能应用中的“全能选手”，其广泛的应用场景和卓越的性能使得它成为研究者和工程师们的首选工具。

但是，Transformer 的研究之路远未结束。在本书结尾，我们不禁展望未来——Transformer 模型及其变种将如何在更加复杂、动态的数据环境中继续演进？面对模型规模急剧膨胀和资源消耗增加的矛盾，能否找到更加高效的压缩与加速策略？而在跨语言理解、多模态融合以及自主学习等前沿领域，Transformer 模型又将扮演怎样的角色？

这些问题的答案，或许就在你们——本书的读者和未来的研究者、开发者们手中。Transformer 模型不仅是一种技术，更是一种思维方式。通过注意力机制让模型在海量数据中捕捉最有价值的信息，这种理念在未来或许能引领更多创新的诞生。希望本书能够成为你深入理解 Transformer 的桥梁，同时也为你探索更广阔的智能语言世界提供启发与支持。